语文教师小丛书

语文教师小丛书

逻辑基本知识

李先焜 著

吴格明
陈道德 修订

商务印书馆
创于1897 The Commercial Press

图书在版编目（CIP）数据

逻辑基本知识 / 李先焜著；吴格明，陈道德修订.
—北京：商务印书馆，2020（2024.11 重印）
（语文教师小丛书）
ISBN 978-7-100-18541-7

Ⅰ.①逻… Ⅱ.①李… ②吴… ③陈… Ⅲ.①逻辑思维
Ⅳ.①B804.1

中国版本图书馆 CIP 数据核字（2020）第 088830 号

语文教师小丛书
逻辑基本知识
李先焜　著

商　务　印　书　馆　出　版
（北京王府井大街 36 号　邮政编码 100710）
商　务　印　书　馆　发　行
北京市十月印刷有限公司印刷
ISBN 978 - 7 - 100 - 18541 - 7

2020 年 8 月第 1 版　　开本 787 × 1092　1/32
2024 年 11 月北京第 4 次印刷　　印张 11 3/8　插页 2

定价：68.00 元

出版说明

本馆历来重视教育，自1897年创立迄今，以“昌明教育，开启民智”为宗旨，始终肩负中国新教育出版重任，编辑出版中小学、大学各科教科书，教学参考书，师范用书，移译各国教育书籍，分类编纂，精益求精，尤为教育界所欢迎。

我们确信，无论时代潮流如何变迁，教师始终应当具备丰富的文化知识。语文学科具有基础性和综合性的特点，语文教师尤其需要广泛吸取各类有益的思想文化知识，充实自己的头脑。承载这类知识的图书品种十分丰富。那些为语文教师所公认的经典好书，蕴含着丰富的知识思想和学术价值，值得反复阅读。过去，这些书或以单行本印行，或收入其他丛书，从语文教师文化知识积累角度而言，难成系统，不便于收集和查考。为此，我们在广泛征求意见的基础上，从满足语文教师专业成长需要出发，选择语文教育相关领域中为学界所公认和熟知的大家经典，汇编成“语文教师小丛书”，陆续编辑，分辑印行，以期相得益彰，蔚为大观，既便于教师研读查考，又有利于文化积累。

晚清教育家张之洞说过："读书宜有门径。泛滥无归，终身无得；得门而入，事半功倍。"愿这套丛书能够为语文教师指示一条读书的小径。希望海内外教育界、知识界、读书界给我们批评、建议，帮助我们把这套丛书出好。

商务印书馆编辑部

2017 年 1 月

李先焜和他的《逻辑基本知识》

一

李先焜先生生于北京，祖籍湖南浏阳，我国当代著名逻辑学家、符号学家，湖北大学哲学学院教授，曾任中国逻辑学会副会长、中国逻辑与语言研究会会长、中国逻辑学会符号学专业委员会主任、国际符号学会理事、东亚符号学会副会长等学术机构领导职务。李先生1952年毕业于武汉大学经济系，1958年毕业于北京师范大学哲学研究班，1961年起在湖北大学（原武汉师范学院）从事逻辑学、符号学教学与科研工作，至1996年离休，在湖北大学工作了35年。

李先生以“为学贵有创新”的治学精神，在语言逻辑、符号学、中国逻辑史、西方逻辑史等研究领域笔耕不辍，著作等身。他先后在《哲学研究》《哲学动态》等权威刊物上发表学术论文百余篇，出版学术著作十余部。为我国逻辑事业的发展做出了卓越贡献。

李先生在语言逻辑研究方面有很高造诣，在国内外有广泛影响。从1978年开始，他就大力倡导研究语言逻辑，组织全国高校中文系的逻辑学教师编写了《逻辑学》教材，创建了中国逻辑与语言研究会，创办了学术刊物《逻辑与语言学习》，还创立了中国逻辑与语言函授大学。李先生参与撰写的《逻辑——正确思维和成功交际的理论》曾荣获中国社会科学院第二届优秀科研成果一等奖、国家社科基金资助项目优秀成果二等奖。1989年与王维贤、陈宗明两位教授合著《语言逻辑引论》，李先生撰写了一、四、五、十四等章节，并为全书统稿。由于这部著作在逻辑学界的重大影响，李先焜、王维贤、陈宗明被誉为我国语言逻辑研究的“铁三角”。

在符号学研究领域，李先生做了很多开拓性的工作。他是我国名辩符号学的开拓者和奠基人。他率先把当时西方刚刚兴起的符号学引介到中国，并从符号学的视角发掘中国传统文化中的符号学思想，使中国名辩符号学研究走向了一个新时代。李先生在国际符号学界声誉卓著，曾多次应邀到美国、德国、日本等地讲学或参加高端学术研讨活动。李先生还先后在我国主持召开了三次符号学国际学术会议，邀请国外的著名符号学专家来中国交流，扩大了中国符号学研究的国际影响，奠定了中国符号学研究的国际地位，推动了中国符号学界的对外交流与合作。

李先焜先生有很高的语言天赋，不仅普通话说得标准，吴、赣、闽、蜀等方言亦学得惟妙惟肖。他精通英语和俄语，翻译了多部国外逻辑学经典著作，还用英语写了十多篇学术论文。李先生重视人才培养，他教学严谨而生动，既有理论深度，又关注学术前沿问题。他的学生回忆说："听李老师的课，感受到的是逻辑之美。黑板上那一串串奇妙而和谐的推理公式，让我们惊叹。"李先生的学识吸引了当年南开大学、武汉大学、浙江大学、北京师范大学等高校的博士研究生。其中有很多学生登门拜访，请李先生指导学位论文，并邀请他参加论文答辩。南开大学崔清田教授曾对他的博士生说："先焜老师比我有学问，你们都要好好向他请教。"南开大学从温公颐先生第一届博士生开始到崔清田教授最后一届博士生毕业为止，在近20年里，逻辑学专业每一届博士生的论文答辩，几乎都邀请李先生去做答辩委员会主任。李先生人品好，学问好，受到学界普遍的尊敬和爱戴。老一辈学者欣赏他，同辈学者佩服他，晚辈学者景仰他。荆楚社科名家冯天瑜先生曾称赞他"学贯中西，德堪楷模"。

二

李先生生前长期在高等师范院校中文专业从事语言学和逻辑学的教学工作，而这个专业正是培养中学语文教师的，因此他对中学语文教师的情况非常了解。先生生前也非常关心中等学校的语文教育，他写过不少语文教育和语言学研究方面的文章。《逻辑基本知识》正是李先生为中学语文教师撰写的普及逻辑学的著作。李先生在绪论中说道：

> 语文教师一般都比较熟悉“逻辑”这个词。这不奇怪，因为教师的一个重要任务，就是培养与提高学生的逻辑思维能力。可以说，语文教师每天都在跟逻辑打交道。
>
> 例如，语文教师每天都要向学生解释语词，解释语词就要给词下定义，下定义就是运用逻辑。
>
> 再如，语文教师要讲解文章的篇章结构，篇章结构就是文章的逻辑结构，教师讲篇章结构就是在讲逻辑。
>
> 又如，语文教师每天要批改学生的作业，看学生使用的语词是不是准确，语句是不是通顺，结构

是不是严谨，论述是不是有说服力，这些大部分都属于逻辑问题。

因此，可以从某种意义上说语文教师个个都是逻辑教师。

但是，语文教师虽然天天跟逻辑打交道，不见得就对逻辑已有深刻的了解。有的教师一见逻辑这门科学，就有点望而生畏，觉得它太抽象、太深奥、不好懂。其实未必如此，既然我们天天在跟学生讲逻辑，说明逻辑并不神秘，也不难学。本书想做的工作就是将教师们每天实际运用的逻辑知识加以适当的系统化，用一些专业术语表述出来，让读者们读后感到逻辑并不是一朵远在天边的鲜花，可望而不可即，逻辑就在我们身边，或者说就在我们头脑之中。

李先生正是看到了语文教师与逻辑关系密切又有些望而生畏的实际情况，才编写了这本逻辑学通俗读物，供广大中学语文教师学习，向他们普及逻辑学知识，从而消除广大中学语文教师对逻辑的神秘感。

逻辑并不神秘，它就存在于我们生活周围，我们的日常生活和人际交往一刻也离不开逻辑。一般来说我们可以把日常生活中的逻辑方法分为八种：

①比较。将两个或两类事物的共同点和差异点做比较。如比较两个物体的轻重、长短；比较两个不同地点的远近。

②分析。把事物分解为各个部分，分析构成某一事物的各种要素，找出某事物产生的原因，等等。如分析衣服的颜色和式样，找到地面有水的原因。

③分类。根据事物的特征做分类，相同属性的归为一类，不同属性的归为不同的类。如能将汽车、面包、火车、蛋糕，分成交通工具和食物两种类别。

④抽象。从个别的不同事物中，找出其共同点的思想活动。如苹果、香蕉、梨子、葡萄，它们的共同点是“水果”。

⑤概括。由分析若干事物的共同性，推而界定其全类事物也都有此特性。如知道三角形有三条边、三个角，那么大致可推定无论是什么颜色、大小，只要有三条边、三个角的形状就是三角形。

⑥综合。把各个部分或因素合而为一。如根据每一片的内容与特征完成拼图。

⑦归纳。从一系列特殊或具体的事例中，推出普遍性的原则。如归类、总结。

⑧演绎。要求前提与结论之间具有必然的可推关系。

如举一反三、三段论推理。

逻辑知识的学习和逻辑思维的训练，关乎着国民最基本的素质——思维素质——的提高。逻辑素养是其他国民素质的基础，要培养高素质的国民，就必须要加强逻辑素质的训练。好的逻辑修养，让人富有理性，遇到问题时可以独立思考，使人具有真知灼见。美国著名心理学家霍华德·加德纳（Howard Gardner）曾提出过多元智能理论，他认为每个人都拥有多元智能，这些智能包括音乐、身体运动、逻辑-数学、语言、空间、人际、自我认识、博物学家智能等，[①]而在这些多元智能中，逻辑智能是最基本的智能，其他智能都要通过逻辑智能的助力才能得到顺利发展。说话时有条理地表达想法，是逻辑在语言智能上的表现；研究事物时能观察入微，是逻辑在自然智能上的表现；遇到事情时能够自我省察，是逻辑在内省智能上的表现；运动或手工劳作时能够活用肢体，是逻辑在肢体运动智能上的表现；欣赏音乐、念唱韵文时能展现敏锐的节奏感，是逻辑在音乐智能上的表现；绘画时能用色彩和线条展现创意与空间感，是逻辑在空间智能上的表现；与人相

① 霍华德·加德纳著，沈致隆译：《多元智能理论二十年》，《人民教育》2003年第17期。

处时能察言观色，则是逻辑在人际交往智能上的表现。总之，人的每一种智能只有通过逻辑思维的训练才能得到更好的发展。

逻辑思维与语文教学的关系更为密切，我们可以从两个方面来考察他们之间的关系。一方面，语文素养的建构和发展需要逻辑。语文素养的核心是语言能力和思维能力。语言和思维互为表里。马克思说："语言是思想的直接现实。"离开了思想，语言就成了僵死的躯壳。语文的基本能力就是听说读写。听和读是通过语言获取别人的思想，说和写是通过语言表达自己的思想。逻辑思维是思维的基本方式。甚至文学创作也需要逻辑。钱锺书说得好："理之在诗，如水中盐、蜜中花，体匿性存，无痕有味。"另一方面，语文又有培养逻辑思维得天独厚的条件。课文的情境为思维活动特别是逻辑思维创造了广阔、丰富而生动的思维空间。这样的条件是数理化和政史地都无法比拟的。因此，《普通高中语文课程标准（2017年版）》将"思维发展与提升"作为一个语文核心素养，并将培养逻辑思维能力作为重要的课程目标，提倡学习逻辑知识。

由以上论述可以看出，逻辑素养是一个中学语文老师必须具备的最基本的素养。只有掌握了逻辑基本知识，才能成为一个称职的中学语文老师。

三

《逻辑基本知识》出版于1987年，收入北京师范大学教授叶苍岑先生主编的“语文基本知识丛书”，在当时受到广大中学语文教师和青年学生的热烈欢迎，广大读者评价说：这是一本难得的学习逻辑知识的好书。

本书共设“绪论”“逻辑和语言”“定义和划分”“演绎推理”“归纳推理”“思维的基本规律”“谬误”七章。“绪论”一章，阐明了什么是逻辑、逻辑与其他科学的关系、学习逻辑的意义等。第二章“逻辑和语言”，介绍了逻辑与语言的密切关系。在李先生看来，逻辑的研究对象就是语言。第三章“定义和划分”，讲的是明确概念的逻辑方法。第四章“演绎推理”主要讲的是各种命题和必然性推理。第五章“归纳推理”主要介绍了归纳推理和类比推理。李先生把人们通常说的类比推理放在归纳推理之中了，这是有充分理由的，归纳推理和类比推理的前提和结论之间的联系都是或然性的。因为在李先生看来推理可分为两大类，一类是必然性推理，另一类是或然性推理。第六章“思维的基本规律”，是从宏观上阐明逻辑规律。三至六章是逻辑学的基本内容或主线条。第七章“谬误”，帮助读者更清楚地了解各种常见的逻辑谬误，特别是人们在说话写文章时常犯的逻辑错误。通过这些逻辑知识的学习和训练，人们就能更自觉地运用逻辑，遵守逻辑规则。

本书共计13万字左右，与其他逻辑学教材或逻辑学普及读物相比，篇幅比较精当，或者说，这是一本非常简洁的逻辑学读物。本书有两个重要特点：一是用例贴切，例子与逻辑知识点相吻合，能够恰到好处地说明抽象的逻辑知识与原理。而且大多数例子都是中学语文教材中的经典文章，读者耳熟能详。二是用例丰富，作者用丰富的例子把枯燥的逻辑知识讲得生动有趣，让读者在愉快的阅读过程中受到逻辑思维的训练。用例丰富而又篇幅短小，这虽是一个矛盾，但李先生拿捏得恰到好处，非大手笔而不能为。学术大家写通俗读物的意义也正在于此。

时下商务印书馆正在编辑一套“语文教师小丛书”，丛书的策划李节女士以敏锐的眼光发现了此书，决定再版。2016年11月，中国逻辑学会第十次全国代表大会在武汉召开，又恰逢李先焜教授九十寿诞，李节女士委托吴格明教授与李先生洽谈再版意向，李先生欣然应允。2017年6月李节女士又专程到武汉与李先生商谈再版的具体事宜。因时隔久远，再版需要做些修订工作。这时李先生已是90岁高龄的老人，且卧病在床，已没有精力亲自修订。于是他委托他的学生陈道德教授和吴格明教授做具体的修订工作，并谈了他对修改本书的一些想法。现在呈现在读者面前的正是我们根据李先生的嘱托重新修订的《逻辑基本知识》。

我们修订《逻辑基本知识》所遵循的原则是，尽可能保留原书的风格。我们主要做了两件事：第一，更换或调整某些用例。由于社会的发展，书中原来的有些例子已经不恰当，需要更换。特别是中学语文教材已有很大变化，原来的有些用例所在的文章已不再选作中学课文，或者课文已不在原来的那一册。我们根据目前的教材进行了调整。第二，修正了个别的学术观点。随着社会的发展，逻辑科学也在不断地进步，有些学术观点已经发生变化。我们根据逻辑学界已有的共识，对原著的个别观点做了修正。例如关于选言命题的逻辑联结词“或者”，当时的观点是，“或者”既可以表达相容选言命题，也可以表达不相容选言命题。而现在逻辑学界的共识是，“或者”只表达相容选言命题，不相容选言命题用“要么”表达。这一共识也与整体的逻辑思想联系在一起，即一个命题的种类和逻辑意义仅以逻辑联结词为准，与命题的具体内容无关。像这样的地方我们做了适当的修正。

在我们修订这本书的过程中，恰逢教育部公布了《普通高中语文课程标准（2017年版）》，这一新的课程标准提出了“思维发展与提升”的语文核心素养和“发展逻辑思维”的课程目标。新版语文课程标准的颁布，使我们更鲜明地看到了再版《逻辑基本知识》的意义和价值。

广大中学语文教师通过这本著作的学习，掌握书中介绍的逻辑基本知识，将能够满足中学语文教学的需要。

正如这本书的书名所标示的，这是一本关于逻辑基本知识的读物。所谓“基本知识”就是每一个人必须要具备的逻辑知识，没有这些知识你就有可能不能正确思维或成功交际。也正是因为这是一本关于逻辑基本知识的读物，所以，它没有包括所有的逻辑知识，特别是有关现代逻辑的知识。如果读者想进一步提高逻辑修养、登堂入室了解更多的逻辑知识的话，可以更广泛地阅读一些逻辑学著作。下面提供几本参考书供朋友们选择。

《逻辑学十五讲》（第二版），陈波著，北京大学出版社2016年8月版。

《思维魔方：让哲学家和数学家纠结的悖论》（插图本），陈波著，北京大学出版社2014年6月版。

《二十世纪意义理论的发展与语言逻辑的兴起》，陈道德等著，中国社会科学出版社2007年6月版。

《逻辑学》（第二版），《逻辑学》编写组，高等教育出版社2018年8月版。

《逻辑学导论》（第13版），［美］欧文·M.柯匹、卡尔·科恩著，张建军等译，中国人民大学出版社2014年10月版。

《简单的逻辑学》，[美]麦克伦尼著，赵明燕译，中国人民大学出版社2008年1月版。

《逻辑的力量》(第3版)，[美]斯蒂芬·雷曼著，杨武金译，中国人民大学出版社2010年12月版。

吴格明　陈道德

2018年12月

目 录

前　言

对广大的在职干部、广大的知识青年进行逻辑思维的训练，是一项重要任务。因此有必要编一本《逻辑基本知识》。这个任务落到了我的身上。

在编写这本书的过程中，我特别注意两点：一是要密切结合自然语言的实际，二是要密切结合中学和中等职业学校的语文教学的实际。这本书除了专门列有“逻辑和语言”一章外，还重点谈了语词的意义和定义问题。这些都是学习逻辑知识过程中经常遇到的问题。另外，为了使读者阅读起来不感到枯燥，我尽可能少用符号公式而多举实例，而在引例中则尽可能举语文课本中的例子，使读者认识到逻辑不是语言之外的东西，逻辑就存在于每篇课文、每个语句之中。

本书还特别将“谬误”列为一章，以供读者用来分析学生作文以及其他文章中可能出现的逻辑谬误。将“谬误”单列一章，这本来是传统逻辑教学所常用的方法。我这样做，只是为了教学的需要，恢复了这一传统而已。

关于如何在语文教学中讲授逻辑知识的问题，这里提几点粗浅的意见。我认为，首先要通过对课文的分析来讲授逻辑知识。一篇好的文章，不管是记叙文、说明文或议论文，都有其严密的逻辑性。在课文的分析过程中，揭示其内在的逻辑结构，是使学生提高逻辑思维能力的一个很重要的途径。其次是结合语法和写作知识来讲，因为每一种语法现象和写作要求都与一定的逻辑知识有联系。或许有人认为，这种“杂交”的方法不科学。其实，无论从科学的源流还是从目前科学发展的实际来看，逻辑学与语言学相互结合、相互渗透的现象都是存在着的。第三就是认真讲授教材中的逻辑知识短文，使学生不仅获得一些零散的逻辑知识，而且具有一定的、比较系统的逻辑知识。但是不管从哪一方面说，老师自己掌握比较系统的逻辑知识，这是不可少的。希望本书能对中学和中等职业学校的语文老师学习与运用逻辑能有所帮助，如确能这样，我就感到无比欣慰了。除此之外，我想这本书对广大的在职干部、广大的知识青年自学逻辑，也会有用的。

这本书在写作过程中曾得到北京师范大学叶苍岑先生

亲切的关怀、热情的鼓励与严格的督促。特别是叶先生已八十高龄，但他仍对本书的初稿进行了认真细致的审阅，甚至哪个地方多一个字少一个字，哪个地方抄错了或抄漏了，哪里章节安排上有问题，哪里提法前后不一致等等，都给我一一指出。这些都使我深受感动。这本书能够出版，首先应该感谢叶先生。

其次要感谢北京师范大学哲学系林熹副教授，她仔细审阅了原稿，并提出了宝贵的修改意见。另外，还要感谢湖北大学政治系语言逻辑研究室几位青年同志，他们为本书的出版也出了不少力。

由于作者水平的限制，本书仍存在不少缺点，希望读者不吝指正。

李先焜

一九八四年九月于湖北大学

第一章　绪论

第一节　什么是逻辑

语文教师一般都比较熟悉“逻辑”这个词。这不奇怪，因为教师的一个重要任务，就是培养与提高学生的逻辑思维能力。可以说，语文教师每天都在跟逻辑打交道。

例如，语文教师每天都要向学生解释语词，解释语词就要给词下定义，下定义就是运用逻辑。

再如，语文教师要讲解文章的篇章结构，篇章结构就是文章的逻辑结构，教师讲篇章结构就是在讲逻辑。

又如，语文教师每天要批改学生的作业，看学生使用的语词是不是准确，语句是不是通顺，结构是不是严谨，论述是不是有说服力，这些大部分都属于逻辑问题。

因此，可以从某种意义上说语文教师个个都是逻辑教师。

但是，语文教师虽然天天跟逻辑打交道，不见得就对逻辑已有深刻的了解。有的教师一见逻辑这门科学，就有点望而生畏，觉得它太抽象、太深奥、不好懂。其实未必如此，既然我们天天在跟学生讲逻辑，说明逻辑并不神秘，也不难学。本书想做的工作就是将教师们每天实际运用的逻辑知识加以适当的系统化，用一些专业术语表述出来，让读者们读后感到逻辑并不是一朵远在天边的鲜花，可望而不可即，逻辑就在我们身边，或者说就在我们头脑之中。

那么，究竟什么是逻辑呢？

有人说，逻辑是研究思维的科学。这话是对的。逻辑是以人的思维作为自己的研究对象。思维是什么？思维就是人的理性认识。毛泽东《放下包袱，开动机器》一文说：

> 所谓开动机器，就是说，要善于使用思想器官。……列宁斯大林经常劝人要善于思索，我们也要这样劝人。脑筋这个器官的作用，是专门思想的。孟子说："心之官则思。"他对脑筋的作用下了正确的定义。凡事应该用脑筋好好想一想。俗话说："眉头一皱，计上心来。"就是说多想出智慧。要去掉我们党内浓厚的盲目性，必须提倡思

索，学会分析事物的方法，养成分析的习惯。

毛泽东在这里一再强调要善于思索，也就是要善于思维。这是因为凡是正常的人都会思维，但并非所有的人都善于思维。这说明思维并不是一件容易的事。说逻辑研究思维，对是对，但只对了一部分，逻辑是研究如何使人“善于思维”的科学。然而，这句话也只对了一部分，这是因为有人善于思维这方面的内容，有人善于思维另一方面的内容。逻辑不可能把一切思维的内容都加以研究，逻辑只能研究这许多具体内容中的一般的东西，这种一般的东西就是思维的形式。

我们举个例子，说明什么是思维形式。下面有四句话（从逻辑上看，它们表达了四个命题，所谓命题，就是具有真假值的语句）：

例1. 紫外线是电磁波。

例2. 鹿是偶蹄动物。

例3. 玫瑰是落叶灌木。

例4. 诗歌是文学作品。

这几句话从内容上看是风马牛不相及的，但是它们却具有一个相同的形式，即“S是P”（S和P是通过词或词组表达的两个不同的词项）。这个“S是P”叫作命题形式，是思维形式的一种。有了这个形式，不仅可以代入上述内容，还可以代入其他的内容。

思维形式，除了上述命题形式以外，还有更重要也更复杂的形式，那就是推理形式。在说明什么是推理形式之前，我们先引述一个小故事。

在杜鹏程的小说《保卫延安》中，有一节描写了连长周大勇率领部队如何发现敌军粮站的故事：

> 周大勇他们顺一条端南正北的大路朝南摸去。他们边走边爬，生怕弄出响声。突然，啪嚓一声，马全有摔了一跤。
>
> …………
>
> 马全有蹲在地下，低声骂："哼，好臭！这些混蛋队伍，就在阳关大道上拉屎！"
>
> 周大勇脑筋一转，心里闪亮。他让马长胜、马全有再往前摸，看是不是还有屎。
>
> …………
>
> 他们向前摸去，通向村子的路上都是牛、毛驴和骆驼拉的粪。
>
> 周大勇躺在路边的垄坎下，一声不吭。他折了一根小草，用牙齿嚼着，盘算着。

…………

周大勇寻思：这季节，牲口都吃的青草，拉的稀粪。这稀粪定是今天下午拉的。天气挺热，要是牲口在中午拉的粪，早就干啦。下午打这里过了很多牛、毛驴、骆驼。这是老乡运货的牲口？兵荒马乱的，老乡们会吆好多牲口赶路？也许，敌人强迫老乡们运粮，也许，前头这村子就是敌人的粮站……"是粮站就收拾它！"他心里这样说。……

马长胜返转来报告："连长，前头路上还撒下一堆一堆的小米，还有一头死毛驴。我猜想，这个村子必定是敌人的粮站。"

…………

周大勇绕到村南的路上摸，路上没有撒下粮食，只有很少的骡马粪。

他到村子周围看看，这村里的敌人，不像是今天行军后宿营的，也没有电话线从村子里伸出向四下里连接。看来，这个村子是粮站，村子里驻守的敌人是保护粮站的。……

小说的最后就记叙了周大勇率领一支小部队如何消灭这个粮站守军的故事。

现在要问，周大勇怎么知道这条大路上那天下午过了敌人的大批运粮队呢？周大勇并没有亲眼看见敌人的运粮队，他看见的（或者更准确地说，是摸到的）只是一些牛、毛驴和骆驼拉的粪。他是动了一下脑筋通过下述推理推出来的。

例5.天气这么热，要是牲口在中午拉的粪，早就干啦。

现在牲口拉的粪还没有干。

所以，粪不是中午拉的（更不是中午以前拉的），而是今天下午拉的（也就是说，今天下午在这条路上过了大批牲口）。

例6.下午打这里过去了很多牛、毛驴、骆驼。这也许是老乡运货的牲口；也许是敌人强迫老乡们运粮的牲口。

现在兵荒马乱的，老乡们不会吆好多牲口赶路。

所以，这是敌人强迫老乡们运粮的牲口。

所谓推理，就是从一些已知的命题（逻辑上叫作前提）推出一个新的命题（逻辑上叫作结论）的过程。如上述例5第一、二句就是前提，第三句就是结论。上述例5和例6中，各隐含着一个一般的形式，用公式表示出来就是：

例5.如果p，那么q，

非q，

所以，非p。　　　　（p和q各代表一个命题）

例6. 或者p，或者q，

　　非p，

所以，　　q。

这些形式就是推理形式。但在日常生活和科学研究过程中，推理形式总是跟一定的具体内容相结合，通过一定的语言形式表述出来。

像上述周大勇的推理就是跟天气热，大路上出现牲口粪这么一些具体内容结合着，用“天气”“热”“牲口”“粪”“干”等语词表达出来。当一个推理式以一定的语言形式表述出来时，我们就称之为论证。在我们的语文课本中所看到的都是一些由前提到结论的具体论证。我们所说的“如果p，那么q，非q，所以非p”等等，只是这些具体论证的推理形式罢了。

推理可区分为两大类：一类是演绎推理，一类是归纳推理。两类推理的主要区别在于前提与结论之间的逻辑联系的力量不同。演绎推理要求一个论证的前提的真实性能够充分地保证结论的真实性，其原因是结论的知识没有超出前提的知识范围，也就是说一个论证式如果前提是真的，就可以保证其结论也是真的。上面所述周大勇所进行的论证就是用的演绎推理，而在演绎推理中如果断定了前提的真实性而否定结论的真实性，就会出现矛盾。如：

例7.所有的工会会员都交会费，

印刷厂的工人都是工会会员，

所以，印刷厂的工人都交会费。

这是一个演绎推理的论证式，只要前提是真的，就保证结论是真的；如果肯定前提而否定结论，就会出现这样的情况："印刷厂的工人都是工会会员而印刷厂的工人不交会费"，这句话跟"所有的工会会员都交会费"就发生矛盾。

归纳推理则要求前提的真实性对结论的真实性有相当大的支持力量，但还不能保证结论一定是真实的。其原因在于结论的知识范围超出了前提的知识范围，从而结论的真实性有待于进一步的实践来检验。如果断定前提的真实性而否定结论的真实性，并不会出现矛盾。如：

例8.我们观察到的××皮鞋厂生产的皮鞋都是优质产品，

这一次买的正是××皮鞋厂的皮鞋，

所以，很可能，这次买的皮鞋是优质产品。

这双新买的皮鞋是否优质产品，还有待于进一步验证，因为"这次买的皮鞋是优质产品"超出了前提中所说"我们观察到的××皮鞋厂生产的皮鞋都是优质产品"的范围。如果断定了前提而否定了结论，即这双新买的皮鞋并非优质产品，这跟前提中所说的话并不产生矛盾。

推理的形式有的是正确的，有的是不正确的。逻辑所需要的是那些正确的推理形式。

为了保证推理的正确进行，逻辑还研究思维所必须遵循的规律，如同一律、不矛盾律、排中律等。

此外逻辑还研究一些思维的方法，例如定义和划分、归类等方法。

上述内容概括起来说就是：逻辑是研究正确的思维形式、规律和方法的科学。

下面附带谈一谈“逻辑”一词的来源，以及它所具有的多种含义。

“逻辑”这个词是从英语Logic音译过来的。中国古代就有逻辑学，但不用“逻辑”这个词来表述，而是称为“名”“辩”等等。一直到明朝，西方的亚里士多德逻辑才开始传入我国。我国起初将它译为“名学”“辩学”“理则学”，或者像日语那样，称为“论理学”。到清朝末年，严复（1854—1921）将“Logic”一词译为“逻辑”，后来章士钊（1881—1973）著有《逻辑指要》一书（初稿写于1917年），自此以后，一般都采用“逻辑”一词，而不再用其他译名了。

英语Logic一词（欧洲各国语言文字虽有不同，但“逻辑”一词发音却很相近，如法语为Logique，德语为Logik，俄语为Логика）也有其渊源。我们从严复在所译的

《穆勒名学》一书所加的按语中看到："案逻辑此翻名字。其名义始于希腊，为逻各斯一根之转。逻各斯一名兼二义，在心之意，出口之词皆以此名。引而申之，则为论、为学。……故逻各斯名义最为奥衍。而本学之所以称逻辑者，以如培根言，是学为一切法之法、一切学之学；明其为体之尊，为用之广，则变逻各斯为逻辑以名之。学者可以知其学之精深广大矣。逻辑最初译本为固陋所及见者，有明季之《名理探》，乃李之藻所译，近日税务司译有《辨学启蒙》。曰探、曰辨，皆不足与本学之深广相副。必求其近，姑以名学译之。"（见"引论：第二节 辨逻辑之为学为术"）《穆勒名学》原书名为《逻辑学体系：演绎和归纳》，作者是英国逻辑学家约翰·弥尔（1806—1873），严复将弥尔（Mill）译为穆勒。严复将逻辑推到如此崇高的地步，是否恰当，我们暂且不予讨论。我们从这段话可以看出，"逻辑"一词是来源于古希腊语的"逻各斯"（λoros）一词的。"逻各斯"一词在古希腊有"词""言语""理论""计算""辩论""推理"这样一些意思，一直到今天，我们还可以看到逻各斯这些含义在逻辑学发展的各个分支中所产生的影响。

还要注意一点，我们会遇到有些人在不同的意义上使用"逻辑"一词，这就是说"逻辑"本身是一个多义词。

例如，有人将“逻辑”一词表示人的理性，因此将一切不合乎事理的现象统称之为“不合逻辑”。这是对逻辑的最广义的理解。

有时也有人将“逻辑”一词用作“客观规律”的意思，例如说：“这是事物发展的逻辑。”

当我们说：“说话写文章要合乎逻辑”时，“逻辑”指的不是逻辑科学，而是逻辑科学中所讲的那些思维形式、思维规律。

最后，“逻辑”是指逻辑学这门科学，这也就是我们现在所用的“逻辑”的本义。不过，即使作为逻辑科学来理解的“逻辑”，也会有不同的涵义，古今中外不少逻辑学家给“逻辑”这个词下过定义，他们都各有各的理解。我们现在不想过多地讨论这个问题，可以等读者对逻辑这门科学有相当了解之后，再来研究它。

第二节 逻辑与其他科学的关系

黑格尔说："每一门科学都是应用逻辑。"（《逻辑学》）可以说逻辑与任何一门科学都有关系。但是逻辑与哲学、数学、语言学等几门邻近的科学有着更为密切的联系。

一 逻辑与哲学的关系

逻辑是从哲学中分离出来，而且是分离得比较晚的一门科学。但是，到目前为止，仍有不少人认为逻辑是哲学的一个部分，原因在于逻辑是以思维作为研究的对象，而思维必然涉及它与客观事物的关系问题，这是哲学的根本问题。逻辑与哲学（特别是认识论）确实有着密切的联系，正如伦理学与美学从哲学中分离出来也仍跟哲学保持着密切的联系一样。从哲学发展史上看，一些重要的哲学家也往往是重要的逻辑学家，他们的逻辑学说总是为他们的哲学观点服务的，而一定的逻辑学说又必然受一定的哲学思想的指导。

例如古希腊的著名哲学家、逻辑学家亚里士多德（前384—前322），西方哲学史上都把他看作逻辑科学的创始人。他对逻辑的最重要的贡献是对三段论的研究。他的逻辑学说不仅在他的专门的逻辑著作《工具论》中表现出来，也在他的哲学著作《形而上学》一书中表现出来。亚里士多德逻辑的一个特征就在于，他从存在的联系来理解思想的各个要素的联系和各个思想之间的联系。

欧洲中世纪，在当时占统治地位的经院哲学内部有唯名论与实在论之争，这与逻辑学说也有密切联系。唯名论认为只有个别的物体才是真实的，所谓“一般”“共相”只是用来称呼个别物体的名称。实在论则认为一般先于单个物体而存在，一般是最实在的。唯名论与实在论的斗争含有唯物主义和唯心主义斗争的因素。马克思曾把唯名论看作是唯物主义的最初表现。而个别和一般的关系是思维形式的客观基础，对个别与一般关系的理解也必然影响对思维形式的理解。另外，在中世纪，经院哲学的逻辑完全是为神学服务的，它运用三段论的形式进行烦琐的论证，归根结蒂是为了证明神学的存在。

到16—17世纪，英国的唯物主义哲学家弗兰西斯·培根（1561—1626）成为归纳逻辑的奠基人。他著有《新工具论》一书，从这本书的标题就可以看出，这是针对亚里士多德的《工具论》而写的。培根反对唯理论，也反对片面的经验论。他提出一种所谓真正的归纳，这种真正的归纳并不只是经验材料的简单概括，“它是把这种材料加以改变和消化而保存在理智中的”。培根还提出了所谓的“三表法”，即“本质和具有表”“缺乏表”“程度或比较表”。运用这三个表以逐步探寻事物的因果联系。后来英国的弥尔（1806—1873）将这种“三表法”进一步扩充而形成探求因果联系的弥尔五法（求同法，求异法、求同求异并用法、共变法、剩余法）。马克思和恩格斯说过：

> 英国唯物主义和整个现代实验科学的真正始祖是培根。在他的眼中，自然科学是真正的科学，而以感性经验为基础的物理学则是自然科学的最重要部分。……按照他的学说，感觉是完全可靠的，是一切知识的泉源。科学是实验的科学，科学就在于用理性方法去整理感性材料。归纳、分析、比较、观察和实验是理性方法的主要条件。（《马克思恩格斯全集》第2卷第163页）

可以看出，培根的“真正的归纳”是由他的唯物主义哲学体系所决定，并从属于这种唯物主义哲学体系的。

18世纪德国哲学家康德（1724—1804）的主要著作《纯粹理性批判》既是哲学著作也是逻辑学著作。康德的哲学观点是二元论的，他承认有“自在之物”，又认为这种“自在之物”是不可知的。康德提出一种所谓“先验逻辑”，这种先验逻辑是讨论人的认识来源以及科学知识何以可靠的问题，实际上这就是认识论。康德也谈到一般逻辑，他认为：

> 一般逻辑所展示的只是思维的形式，而不是素材。它撇开认识的一切内容。（《手稿片断》第1627号）

他认为逻辑形式不是从具体内容中抽象出来的，它跟思维规律一样，完全是先验的。

从上面我们可以看出，一定的逻辑学说必然要受一定的哲学思想的支配。在逻辑理论的争论中也体现了哲学思想的不同。正如恩格斯所说：

> 形式逻辑本身从亚里士多德直到今天都是一个

激烈争论的场所。(《马克思恩格斯选集》第3卷第465—466页)

为此，我们要学好逻辑，一定要同时学好哲学，尤其要学好马克思主义哲学。至于以辩证思维的形式、方法、规律，以及思维形式的联系、发展为主要研究对象的辩证逻辑，本身至今仍是马克思主义哲学的一个组成部分。逻辑虽然与哲学有密切的联系，但它本身仍是一门工具性的科学，它所讲的基本内容是没有阶级性的，是为整个人类所使用的。

二 逻辑与数学的关系

逻辑与数学之间的联系越来越显著。

逻辑的方法在数学证明中得到最充分的应用，而在逻辑中使用数学的方法使逻辑更加精确化，二者的结合产生了一门新的交叉学科——数理逻辑。

在逻辑发展史上，一般都承认德国著名哲学家和数学家莱布尼茨(1646—1716)是数理逻辑的创始人。莱布尼茨认为，过去的传统逻辑作为一门与数学并列的严格的科学来说是不够用的，为此必须创造一种新的逻辑，这种新的逻辑把一般的推理规则改变为演算规则。要创立这种逻辑的演算规则，必须创立一种人工语言，即一种普遍的符号系统，以代替日常生活中的自然语言。这种人工语言对每一个思考的对象必有一个也只有一个符号与之相对应，这样就使逻辑高度地形式化与精确化。

19世纪英国的逻辑学家和数学家布尔（1815—1864）在1847年发表了一篇论文，叫作《逻辑的数学分析》，1854年又出版一本书，叫作《思维法则的探讨，作为逻辑与概率的数学理论的基础》（简称《思维法则》），这些著作的特点是应用代数的方法来发展逻辑。他用“类”来处理思维形式。他创立的“布尔代数”是数理逻辑的一个主要内容。

对数理逻辑的发展做出重要贡献的另一位数学家、逻辑学家是德国的弗莱格（1848—1925）。他第一次完备地表述了命题演算系统，也几乎完备地表述了谓词演算系统。以后英国哲学家、数学家和逻辑学家罗素（1872—1970）与另一位数学家怀特海合著《数学原理》一书，总结了过去数理逻辑发展的成果。从那时起直到现在，数理逻辑仍在继续发展。

逻辑的数学化使逻辑变成高度形式化的公理系统，反过来它又使数学证明变得更加严密。总之，逻辑与数学的结合使逻辑与数学都得到了发展。而且数理逻辑的成果在电子计算机方面以及其他科学技术领域和社会科学领域中的应用也是如此。因此，即使作为一个语文教学工作者来说，学一点数理逻辑的知识也是有益的。不过我们这本书所涉及的基本上是传统逻辑的内容。

三 逻辑与语言学的关系

由于思维与语言有着密切的联系，研究思维的科学与研究语言的科学也必然有着密切的联系。

不论是在古希腊还是中国古代，逻辑学与语言学是密切结合在一起的。例如古希腊的亚里士多德，他就是从自然语言出发来研究逻辑的。他的《工具论》是一本逻辑著作，但它对词汇、语法、修辞也进行了探讨。例如《范畴篇》一开始就提出“同名异义”“同名同义”“引申得名”的问题，这既是逻辑方面的问题，也是语言方面的问题。

中国古代墨家在《墨经》一书中将“名”分为达、类、私三种。“达名”相当于最一般的概念，即范畴；“类名”相当于普遍概念，也就是普遍名词；“私名”相当于单独概念，也就是专有名词。荀子专门写了一篇《正名》的文章，它所讨论的既是逻辑问题，也是语言问题。

中世纪在欧洲也试图在逻辑的基础上建立语法。直到17世纪法国出版的一本《唯理普遍语法》（也称《波尔-罗亚尔语法》，由阿尔诺与兰斯洛合写），仍是以同时出版的《波尔·罗亚尔逻辑》（由阿尔诺与尼科尔合写）为基础的。正如法国语言学家梅耶所说："直到18世纪，普遍语法只是逻辑的延长。"

19世纪德国语言学家洪堡特（1767—1835）开始建立普通语言学，极力反对当时流行的所谓"普遍语法"的观念，反对语法要以逻辑为根据的观念。19世纪末20世纪初，瑞士著名语言学家索绪尔（1857—1913）提出语言是一种符号系统，语言学必须以语言作为自己的研究对象。索绪尔虽然推崇《波尔-罗亚尔语法》，却反对他以语言迁就逻辑的做法。

索绪尔的理论后来发展成为结构主义的语言学，这一学派将研究语词意义的语义学放在很不重要的地位，甚至否认语义学是语言学的一个分支。他们的语言学被人称为"没有意义的语言学"。

20世纪50年代美国的诺姆·乔姆斯基提出转换生成语法的理论。他认为句子具有深层结构与表层结构，表层结构是由深层结构转换而成。乔姆斯基运用了数理逻辑的方法把语法系统高度形式化，他强调在语法分析中要使用演绎的方法：强调继承17世纪《唯理普遍语法》的方法。有的语言学家认为，乔姆斯基的深层结构也就是逻辑结构。

乔姆斯基之后的生成语义学派，提出以语义结构代替深层结构，他们也认为语义结构与逻辑结构并没有多大区别。生成语义学派的乔治·莱柯夫就直接提出“自然逻辑”（即“自然语言的逻辑”）的概念。他认为，一种自然语言的生成语法的作用，不仅要生成这种语言的合乎语法的语句，而且要使这些语句与逻辑形式联系起来。

从上面简单的叙述可以看出，语言学的发展经历了由语言学与逻辑学密切结合到日益分离，又再次结合的过程。但这种结合是在高级阶段以新的方式进行的结合。

关于把语言学与逻辑学结合起来进行研究的问题，在我国也一直受到老一辈语言学家和逻辑学家的重视。例如王力先生曾多次写过“逻辑与语法”方面的文章。在1961年发表的论文《逻辑和语言》中，王力先生说：

> 逻辑和语言是既有联系又有区别的。认识这两者的关系，会有助于我们自觉地选择恰当的词句来表达我们的思想，有助于我们从逻辑方面来分析不同词句中所包含的思想，提高我们运用逻辑和语言的能力。

吕叔湘与朱德熙两先生合著的《语法修辞讲话》中说：

> 一般地说，语法要服从逻辑……
>
> 语法不是逻辑，虽然实际上离不开逻辑。

郭绍虞先生在《汉语语法修辞新探》一书中说：

> 高名凯《汉语语法论》中讲否定词部分，就是较好的例。他这部分就是语法与逻辑结合的好例。

他还要求写出“一部是以逻辑为中心，结合着语法修辞来讲的书”。叶圣陶先生1980年在北京市语言学会成立大会上还特别强调：

> 有些边缘学科更迫切需要研究，如……语言与逻辑。

逻辑界周礼全先生于1961年提出：“形式逻辑应尝试研究自然语言的具体意义”，“形式逻辑必须与语法修辞结合，而形式逻辑与修辞结合是一个值得大力探索的新领域”。（1961年5月26日《光明日报》）

不少同志正在响应老一辈语言学家与逻辑学家的号召，继承与发展这一传统，对语言逻辑这个新的领域进行探索。

总的来说，逻辑与语言学有着密切的联系，学好语言学对学逻辑是有帮助的，反过来，学好逻辑对学语言学也是有帮助的。

第三节 学习逻辑的意义

前面讲到语文教师每天都在跟逻辑打交道，因此可以说语文教师就是逻辑教师。但是，在这里我们又想强调一下，语文教师最好能系统地学一下逻辑知识，这是因为：

第一，学点逻辑，有助于教师自觉地掌握与运用逻辑方面的知识。

有些教师虽然也运用逻辑，但由于没有系统地学过逻辑基本知识，他们只能凭自己的直觉来判定一句话或一段话是否合乎逻辑，这显然是不够用的。教师要培养学生具有较强的逻辑思维能力，自己应该首先具有较强的逻辑思维能力，否则，以己之昏昏，是无法使人昭昭的。逻辑科学总结了几千年的科学思维的经验，提炼出一系列正确思维的形式、规律与方法。一个人如果不去学习这些东西，很难说天生就会具有。逻辑科学的内容，虽然属于主观意识形态领域，但它不是主观任意的，跟其他知识一样，它是客观事物的反映，也存在一个受实践检验的问题。以为逻辑完全可以不学自会，是不现实的。

有人会问，有的科学家、文学家没有学过逻辑，不是照样思维得很好吗？这看怎么说。科学家一般都是经过严格的逻辑训练的，即使他们没有学普通形式逻辑，他们必须学习数学，而数学的逻辑要求是非常严格的。至于文学家，很多大文豪都学过逻辑，例如鲁迅，在有些著作中还直接论述过逻辑方面的问题。特别是在杂文中，鲁迅经常运用逻辑武器去揭露一些文人的诡辩术。可以说，鲁迅杂文的战斗力跟鲁迅掌握与运用逻辑方面的知识有一定的联系。至于还有些文学家确实没有学过逻辑学，但他们从长期的社会实践中接受过逻辑思维的训练。这个过程，甚至比系统学点逻辑知识的过程要长得多。

当然，我们也不能说学了逻辑，就一定不犯逻辑错误，就能保证时时处处都会正确地思维，能正确地反映客观事物。我们只能要求少犯一点错误，犯了错误能够及时纠正。不能将逻辑看作包医百病的神丹妙药，像历史上出现过的那样，将它看作高踞于一切科学之上的“科学的科学”。真正说来，逻辑只是我们认识客观世界的一种工具，而且就目前我们讲到的这点逻辑知识来说，还只是一种比较简单的工具。

第二，学点逻辑可以帮助教师正确地组织与表达思想。

认识与表达有着密切的联系，但不能完全看作一回事。有时认识了的东西不一定能在头脑中将它组织好，不一定能清楚地表达出来。因此，在人们对事物有了一定认识之后，还有一个组织材料、精确表达的问题。

马克思在《资本论》第二版的跋中讲道：

> 当然，在形式上，叙述方法必须与研究方法不同。研究必须充分地占有材料，分析它的各种发展形式，探寻这些形式的内在联系。只有这项工作完成以后，现实的运动才能适当地叙述出来。

马克思还说过：

> 应当逻辑地思维和明确地表达思想。
>
> 语言的明确是由于思想明确，而明确的思想必然决定明确的表现形式。（转引自拉法格、李卜克内西《回忆马克思》）

我们语文教师不但要自己善于表达思想，而且还要培养学生具有较高的口头或文字表达能力。

有人认为写说明文和议论文需要逻辑思维，写记叙文或进行文学创作不需要逻辑思维。这是一种误解。逻辑思维是人的最基本的思维方式，只要运用语言，就要运用逻辑思维。文学是语言的艺术。在语言中，特别是在语段中，必然存在逻辑问题，例如至少有时间顺序、空间顺序、因果顺序等语言的顺序问题。文学创作如此，一般的记叙文也是如此。

例如李白的《望庐山瀑布》一诗：

日照香炉生紫烟，
遥看瀑布挂前川。
飞流直下三千尺，
疑是银河落九天。

诗中描写的是庐山秀峰的瀑布，我们看到，其中有一个层次、顺序的问题。他描写的过程概括起来可以说是：从大到小，由粗到细，先客观描述后心理刻画，使人读起来像看电影一样，从远景到近景，然后到特写镜头，从而产生强烈的感受。

又如，鲁迅的《祝福》，这篇小说主要描写了人物形象和对话，但是小说的深刻意义在于它探讨了社会问题。作者对这些问题进行了思考，做出结论。这个结论不是直接表述出来的，而是通过形象的刻画让读者自己体会出来的。读者一定会分析产生这一悲剧的原因，认识到社会制度的不合理，因此必须推翻封建制度，才能使妇女得到解放。推出这一隐在的结论，无论就作者还是就读者来说，都涉及逻辑思维的问题。

有意思的是，个别作家提出过反逻辑的理论，认为文学创作不需要逻辑思维，如果有了逻辑思维反而会妨碍创作。但是当他这么说的时候，不自觉地进行了对自己的观点的论证，也就是说不自觉地使用了逻辑，这等于说自己反对了自己。

第三，学习逻辑，可以帮助教师检查和纠正语言中出现的各种错误。

在我们日常说话或写作过程中，有时会不自觉地犯一些逻辑错误。语文教师批改学生作文时，也会发现学生犯一些逻辑错误。我们会感到，清楚地指出这些错误并给以适当的纠正，并不是一件很容易的事。如果有点逻辑方面的知识，可以帮助我们进行检查与纠正。例如，在报刊上曾不止一次地出现这样的说法：

谎言岂能歪曲事实。

表面上看来这个说法似乎不错，但仔细推敲，就发现有问题。什么叫“谎言”？“谎言”就是歪曲事实的话，不歪曲事实怎么叫“谎言”？如果是这样，我们将这“谎言”的定义代入上面这句话，就变成这样：

歪曲事实的话岂能歪曲事实？

这显然是不通的。原因就在于说这句话的人对“谎言”一词的意义没有做详细的了解。这句话如果改为“谎言终究掩盖不了事实的真相”，就完全通顺了。

又如有人写过这么一句话：

在巴尔扎克（法国19世纪著名的现实主义文学家）的许多著名小说中，他留下了六个剧本，……

“小说”与“剧本”是并列关系，小说中并不包含剧本：怎么会在许多小说中留下剧本呢？这句话如果改为“巴尔扎克除了留下许多著名的小说外，还留下了六个剧本……”就妥当了。

一般短句中的逻辑错误还比较容易发现，遇到比较长、比较复杂的句子和段落，要发现其中的逻辑错误就比较困难了。这就更需要有点逻辑方面的知识。

第二章　逻辑和语言

第一节　语言的基本职能

逻辑是研究正确思维的形式、规律和方法的科学，由于思维与语言有着密切的联系，所以，研究逻辑也必须对语言的基本职能有一定的了解。语言是一种最常见又极其复杂的社会现象。它随着人类的出现而出现，随着人类的发展而发展。人天天在说话，也就是天天在运用语言，但不一定就对语言的本质有所认识。一般认为，语言具有以下三种基本职能。

一　交流思想的职能

人的特点之一是有语言，能思维。语言是一种特殊的符号系统，它是一种物质的东西，一组符号必须表现在一串语音或一串文字上。它的主要职能，就在于交流思想。在思维的过程，人一刻也不能离开语言；在交际的过程，人同样一刻也不能离开语言。而在交际的过程，语言的作用表现得更为明显，更为直接。正因为这样，马克思说："语言是思想的直接现实。"

打开语文课本，我们看见了什么？看见白纸上面印着一行一行的文字，这些文字体现了课文作者的思维成果，可以说，这些文字就是作者凝固了的语言。语文教师将课文的内容向学生做讲解，放出一段段的音流，或者在黑板上写出一组组的文字，这是什么？这就是教师运用语言进行教学活动。学生站起来回答教师提出的问题，或者书写教师布置的各种作业，这是什么？这是学生运用语言进行学习活动。学校中如此，在其他的生产领域、生活领域的活动也是如此。人们每时每刻都在不断地传递信息。这一切，我们可以统称之为交流思想。用语言作为工具进行思想的交流，是我们社会得以存在、延续和发展的一个不可或缺的条件。

二　表达感情的职能

人是有感情的，人在生活中随时都有喜怒哀乐。有了喜怒哀乐，就要设法表达出来。除了别的手段以外，语言是一种非常重要的表达手段。正因为这样，语法要专门分出一种表达感叹语气的语句，在标点符号中单独规定一种“叹号”。在文体中单独列出一种表达感情的最强的文体——诗歌。然而我们看下一段：

> “我真傻，真的，”祥林嫂抬起她没有神采的眼睛来，接着说。“我单知道下雪的时候野兽在山墺里没有食吃，会到村里来；我不知道春天也会有。我一清早起来就开了门，拿小篮盛了一篮豆，叫我们的阿毛坐在门槛上剥豆去。他是很听话的，我的话句句听；他出去了。我就在屋后劈柴，淘米，米下了锅，要蒸豆。我叫阿毛，没有应，出去一看，只见豆撒得一地，没有我们的阿毛了。他是不到别人家去玩的；各处去一问，果然没有。我急了，央人出去寻。直到下半天，寻来寻去寻到山墺里，看见刺柴上挂着一只他的小鞋。大家都说，糟了，怕是遭了狼了。再进去；他果然躺在草窠里，肚里的五脏已经都给吃空了，手上还紧紧的捏着那只小篮呢。……”她接着但是呜咽，说不出成句的话来。（鲁迅《祝福》）

这是鲁迅描写的祥林嫂叙说她儿子阿毛被狼吃了的故事。全段没有用诗歌体，也没有加一个叹号，但是字里行间充满了作者对祥林嫂这个人物的同情，表达了对当时社会的憎恨，使人读了以后忍不住要落下泪来。作者这种感情是用什么表达出来的？也是用语言。

三　指使行为的职能

有时候，一个语句说出来不仅是要听者有所理解，而且要听者有所行为。这种行为是这个语句产生的效果。语言的这种职能特别明显地表现在祈使句上。

施耐庵写的《鲁提辖拳打镇关西》中有一段描写：

鲁达坐下道："奉着经略相公钧旨，要十斤精肉，切做臊子，不要见半点肥的在上面。"郑屠道："使头，你们快选好的切十斤去。"鲁提辖道："不要那等腌臜厮们动手，你自与我切。"郑屠道："说得是，小人自切便了。"自去肉案上拣了十斤精肉，细细切做臊子。

…………

这郑屠整整的自切了半个时辰，用荷叶包了，道："提辖，教人送去？"鲁达道："送甚么！且住，再要十斤都是肥的，不要见些精的在上面，也要切做臊子。”郑屠道：“却才精的，怕府里要裹馄饨，肥的臊子何用？”鲁达睁着眼道：“相公钧旨分付洒家，谁敢问他。”郑屠道：“是。合用的东西，小人切便了。”又选了十斤实膘的肥肉，也细细的切做臊子，把荷叶来包了。整弄了一早辰，却得饭罢时候。

这里鲁达的话，就起到指使行为的作用。在日常语言中，语言的指使行为的职能经常表现出来。正因为这样，有的逻辑学家除了研究陈述句的逻辑以外，还专门研究并建立了一种“祈使句的逻辑”。

第二节　自然语言和人工语言

一　什么是自然语言和人工语言

我们上语文课时，教师总要使用一定的口头语言进行讲授。课本中一些现代文的语言也跟这些口头语言基本一样。例如朱自清的《春》这篇课文说："盼望着，盼望着，东风来了，春天的脚步近了。"这跟我们平常讲话相比，除稍微文雅一点外，没有什么区别。这种日常生活中所用的语言，我们称之为自然语言。汉语、蒙古语、藏语、壮语、苗语、维吾尔语等都是自然语言，英语、法语、德语、俄语、阿拉伯语、日语等也是自然语言。总之，在一般的情况下，各个民族、各个国家的人都是以一种自然语言作为思维的工具和交际的工具的。

但是，我们也看到另外一种情况。当我们上数学课时，我们要讲：

例1. $\sin^2\alpha+\cos^2\alpha=1$

例2. $AB\perp CD$

例3. $\angle ABC=\angle ACB$

例4. $\triangle ABC\cong\triangle DEF$

这些话除了上数学课以及某些特殊场合以外，我们一般是不使用的。这种语言完全是为了某种特殊的需要而造出来的，我们称之为人工语言[①]。像数理逻辑中所使用的一些语言："→"（"蕴涵"符号，相当于自然语言中的"如果……那么……"），"∧"（"合取"符号，相当于自然语言中的"并且"），"∨"（"析取"符号，相当于自然语言中的"或者"），等等，都属于人工语言。人工语言有时称为形式语言、符号语言、理想语言。

二　自然语言的缺点与人工语言的优越性

为什么要造出这么一种人工语言呢？这是因为一些哲学家与科学家认为自然语言存在某些严重的缺点，这些缺点对于科学研究、科学表述有妨碍。

首先，自然语言有歧义性。像"我喜欢杜鹃"这个句

---

① 这里所说的人工语言是指像数学符号这样的人工语言，不是指像由波兰语言学家柴门霍夫所造出来的Esperanto（世界语）那样的语言。

子就是有歧义的，其中的“杜鹃”究竟是指一种花还是一种鸟，是不确定的。

其次，自然语言具有一定的模糊性。即一个词使用起来没有确定的界限、确定的范围。例如，“中年人”究竟从多大年龄算起，到多大年龄为止，就有些模糊。像“秃顶、高个子、早晨、黄昏”这些词都具有一定的模糊性。

第三，自然语言的意义的确定依赖于一定的言语环境（简称“语境”）。在不同的语境中一个语词会有不同的含义，但在确定的语境中它可能具有确定的含义。例如，“风流”这个词在不同的语境中有不同的含义，而且差别很大，甚至有时是褒义，有时是贬义。当念到毛泽东《沁园春·雪》中的“俱往矣，数风流人物，还看今朝”时，这里“风流人物”是指有功绩而又有文采的人物，这里“风流”具有褒义。而当说“这是一件风流案件”时，这里“风流”指跟男女间放荡行为有关的事，具有贬义。而在科学语言中是不允许一个词一会儿具有这样的意义，一会儿又具有那样的意义，更不允许一会儿具有褒义，一会儿具有贬义的。

为此，科学上需要制造一种人工语言，这种语言严格地贯彻一个符号一个意义的原则。例如用“←→”（读作“当且仅当”）来表示充分必要条件关系。

三 逻辑要为自然语言精确化提供规则

人工语言不管怎样精确，它也必须建立在自然语言的基础上，而且人们在日常生活中，在生产过程中，仍必须依靠自然语言。因此完全抹杀自然语言的交际职能是不可能的。从逻辑的角度看，我们应该承认这两种语言具有相辅相成的作用。而自然语言的上述缺点，如果给以一定的限制，就不足为害，而且在某种意义上说，那不是缺点，而正好是自然语言的优越性。例如一个词在不同的语境中具有不同的含义，这可以大大减少语词的数量，当人们并不需要太精确的含义时，语词的模糊性丝毫不妨碍人们的交际。如在一大群人中我们要找一个什么人，我们就可以根据他个子高（多高才算个子高是有些模糊的）这个特征加上其他条件而去找到他。自然语言如果运用得好，就具有相对的精确性，这种相对的精确性对人们一般的交际来说是足够了的。不过我们也确实要注意自然语言所具有的某些不可克服的弱点，逻辑正是要为自然语言精确化提供一定的规则。

第三节　语言形式和逻辑形式

一般谈语言表达思维时，往往只理解为语音形式表达思维内容的问题，但从逻辑的角度来看，更为重要的是语言形式（结构）与逻辑形式（结构）的关系问题，这是因为思维不仅有内容的方面，而且有形式的方面，而逻辑所研究的主要是思维的形式方面。思维中的命题形式或推理形式总是具体地表现在语言的语法形式（结构）之中，一定的逻辑形式总与一定的语法形式相对应，但又不是严格的一一对应关系，一定的语法形式可能表现不同的逻辑形式。

例如，演绎推理中有一种假言推理的形式，叫作肯定前件式。它的形式是这样的：

如果p，那么q，

p，

所以q。

在语言上，可以表现为这样：

如果这种方法行不通，那么我们就改用另一种方法，

现在这种方法确实行不通，

所以我们就改用另一种方法好了。

这样的语法形式（包括语序）跟逻辑形式完全一致。但是在自然语言中完全可以改用其他更多种形式来表述：

既然这种方法行不通，那么我们就改用另一种方法吧。

因为这种方法行不通，所以我们就改用另一种方法。

我们改用另外一种方法，因为这种方法确实行不通。

这种方法行不通，就得改用另一种方法。

我们看见，上述一个推理形式可以表现为多种多样的语法形式：有时表现为句群，有时表现为复句；有时表现为因果复句，有时表现为条件复句；因果复句有时正句在前，偏句在后，有时偏句在前，正句在后。

另外，有些相同语法形式的语句却表达着不同的逻辑形

式。例如下述两个语句从语法的角度来分析似乎完全一样：

例1.张三是一个杀人的凶手。

例2.张三是一个可疑的凶手。

它们都是“主—谓—宾”的结构，而宾语部分又具有“修饰语—中心语”的结构。但是我们深入一步考察，就会发现它们深层的逻辑结构是不同的。最明显的区别表现在由例1可以推出：

例3.张三是一个凶手。

而从例2却不能推出例3，原因在于“杀人的凶手”肯定是凶手，而“可疑的凶手”却不能断定是凶手。宾语中的修饰部分一般都只对中心语的性质或范围起到一定的描述或限制作用，并不否认中心语所表达的事实或性质的存在，而说“可疑的凶手”则并未肯定中心语所表达的事实或性质的存在，即对张三是不是凶手这一点并不能肯定。这是一种逻辑结构上的区别，我们研究语言形式与逻辑形式的关系时必须注意这一点。

逻辑形式是语法形式的进一步抽象和概括，因此也更具有一般性。它是深层的东西，不像语法形式那样是语言表层的东西。透过语言形式分析其内在的逻辑形式，是一件比较复杂的工作。但不管怎样复杂，我们总可以根据一定的语法形式找出隐蔽在其深处的逻辑形式来。

第四节　语句的预设和语境

一般的语法教材只研究直接表述出来的语言材料，但是一些语句所表现的思想内容和思维形式并不完全表现在表层结构上，它往往有一个“预设”问题。

所谓“预设”，是指一个陈述出来的语句往往包含着一个没有陈述出来的条件，只有当这个没有陈述出来的条件是真实的时候，这个陈述出来的语句才有意义，即才能断定它是真的或假的，否则，这个陈述出来的语句就是没有意义的。预设就是使一个语句具有正常意义的一种条件。

例如，当某人在街上遇到一位老朋友，说：“啊呀，老朋友，你完全好啦？”这句话就预设着这位老朋友不久前曾经病过。如果这个预设是真的，那么，这位老朋友就可能回答：“是的，完全好了！”或者说：“没有，还没有完全好。”如果这位老朋友根本没有病过，某人这么一问，他就会感到莫名其妙，无从回答。他既不能回答“是的，我完全好了”，也不能回答“没有，我还没有完全好”，因为他不管怎样回答，都必须以事实上曾经病过为先决条件，也就是以“我生过病”这个语句为预设。

再如，甲说：“小林家的电视机坏了。”乙说：“没有这事！小林家的电视机没坏，我昨天晚上还去看了的。”乙的话显然是对甲的话的否定，但是两句话都包含一个共同的预设，即“小林家有电视机”，只有当这预设为真的时候，甲与乙的话才有意义。

概括起来说，如果用q表示预设，p表示一个语句，~p表示对p的否定（“~”念作“并非”），则：当p预设q时，~p也预设q。只有当q真的时候，p与~p才有真假（一个真，另一个必假）；如果q是假的，则p与~p既不真也不假，即毫无意义。

我们平常说话，对方之所以能够理解，就在于双方话语中都有许多共同的预设，如果双方不具有预设性的知识，就难以进行思想交流。为什么一个小孩站在大人身边听大人讲话，虽然每个词都听懂了，却不了解整个语句的意义，原因之一就在于小孩不理解大人所说的每句话中所包含的预设。我们进行语文课文的分析，有必要讲解课文所包含的预设性知识，否则学生就理解不了课文语句的意义。分析预设，是我们进行逻辑分析很重要的一个方面。

对语句进行逻辑分析，还要考虑一个重要因素，即这个语句所出现的语境（即言语环境）。一句话的语境不仅包括在这句话前后出现的一些语句，还要包括这句话所出现的时间、地点，以及说话者、听话者和在周围既不说话也不听话的人物，也可能包括这句话所出现或这句话的内容所涉及的整个社会背景。有些话如果完全脱离它的语境而孤零零地加以分析，则可能使人根本无法理解，但放在一定的语境中，这些话则成为极其自然、完全可以理解的。

例如，"两张西四"这句话，如果孤零零地看，不仅是不合一般的语法规则，不表达命题，甚至使人感到极其荒谬。但是，如果是在北京搭公共汽车，在汽车上听见这么一句话，就觉得极其自然，完全可以理解，它的意思只是乘客告诉售票员要买两张从上车站到西四站的车票。

有人会认为像"2+2=4"这样的语句似乎可以完全不考虑语境，也就是说它在任何语境中出现（古今中外，男女老少说它）都是有意义的，是真的。其实不然，"2+2=4"这样的语句只有在十进位制的系统中才有意义，才是真的，而在二进位制的系统中（这里只有0与1两个数），它是毫无意义的，是既不真也不假的。由于我们是生活在十进位制的环境中，当听到“2+2=4”这样的语句很自然地就将它放在十进位制系统中加以理解，于是造成似乎觉得这是天经地义的、丝毫不依赖语境的错觉。由此可见，即使像“2+2=4”这样的语句，同样有一个语境问题。

第五节 对象语言和元语言

语言是表达思想的，思想是反映对象的，因此，归根结蒂语言总是要指称对象的。指称一定的对象就得使用一定的语词，这个语词就是这个对象的名称。

如说：

例1.教师是人类灵魂的工程师。

这里，教师是指每天在学校里进行教学活动的人，而“教师”这个词就是教师这一类人的名称。

但是，如果说：

例2.“教师”是由两个汉字组成的。

显然，这里“教师”不是指那些实际上每天在学校里进行教学活动的人，而是指“教师”这个词本身。

为此，我们要区别两类语言：一种是用来叙说我们讨论对象的语言，我们称之为对象语言；一种是用来研究对象语言的语言，我们称之为元语言。上述例1中的“教师”，是指教师那类对象的，所以用的是对象语言；上述例2中的“教师”，是指“教师”这个词本身，而不是指客观上存在的教师，所以用的是元语言（用元语言一般习惯地在所用的语言的前后打上个引号）。如果以一种元语言作为对象，用来叙说这种对象的语言就叫作元元语言，以此类推。我们学习英语，读的是用汉语写的英语语法书籍，这时英语是对象语言，汉语是元语言。如果学的是用汉语写的关于汉语语法书籍，这时汉语既是对象语言，也是元语言。

区别这么两种语言有什么用处呢？用处在于在使用语言时不要产生混乱。如果我们说：

例3.“教师”是人类灵魂的工程师。

例4.教师是由两个汉字组成的。

那就会让人笑掉大牙，因为“教师”这个词怎么会是人类灵魂的工程师呢？而教师这一类人怎么会是由两个汉字组成的呢？

又如说：

例5. 6/12的分母是12，6/12=1/2，所以，1/2的分母是12。

显然，这个推理式表面形式是对的，实际上是错的，错的原因在于说“6/12的分母是12”时，6/12用的是元语言，应该打上引号，即：“6/12”的分母是12。而在讲“1/2的分母是2”时，1/2也是用的元语言，应该打上引号。显然，6/12是与“6/12”有区别的，1/2是与“1/2”有区别的，例5这个推理式混淆了两类语言，因此出现一个错误的推理式。

哲学史上有过一个著名的“说谎者悖论”的故事，即曾经有一个克里特岛上的人说：“克里特岛上的人都说谎。”试问他说的这句话究竟是真话还是假话？如果是真话，他是克里特岛上的人，则他在说谎，这句话应是假话；如果是假话，则他并未说谎，他的话应是真话。这就是悖论（所谓悖论就是从它的真可以导出一个假命题，而从它的假可以导出一个真命题）。出现这类悖论跟混淆对象语言与元语言有关。当说：“我说谎”这句话时，说话者用的是对象语言，而当回答“‘我说谎’这句话是真的”（或“是假的”）时，叙说的是“我说谎”这个语句本身，因此应该用元语言。两种语言不加区别，就出现由真导致假，由假导致真这种悖论。如果区分了，就不会出现这样的悖论了。

我们在教学活动中也应该让学生掌握这两类语言的区别，使他们在表述上不致产生混乱，产生悖论。

第三章　定义和划分

第一节　语词的内涵与外延

用语言表达思维，最小的能自由运用的语言单位就是词。从思维来说，最小的单位就是概念。

词是语音与语义的结合体。著名瑞士语言学家索绪尔曾把语言符号比作一张纸，纸的一面是声音意象，纸的另一面是概念的内容。

人在实践过程中逐渐加深对客观事物的认识，先形成感性认识，在感性认识中反映了事物对象的各种属性，然后通过抽象与概括的作用，将丰富的感性材料加以去粗取精、去伪存真、由此及彼、由表及里，将对象所具有的偶有属性加以排斥，将它所具有的特有属性抽象出来，形成对一个事物或一类事物深刻的理性认识。这种认识就是我们平常所说的概念。概念是精神性的东西，它必须以一个物质性的东西为载体，这种物质性的东西就是词（或词组）。从这一方面可以看出，概念就是词的意义，也就是词的内涵[①]。

词除了具有一定的内涵（即词所表达的概念）外，还有一定的外延。词的外延就是词所指称的具有某种特有属性的对象，也就是词所适用的范围。

例如，人们认识到天空中有很多很多这样一类天体，它们在光度、温度、质量、密度、角动量、磁场等属性方面都不尽相同。有的光度只有太阳的几十万分之一，有的则是太阳的几十万倍；它们的表面温度有的只有摄氏几百度，有的则达几万度；它们的质量有的是太阳的二十分之一，有的是太阳的一百倍；它们的密度有的只有水的几千万分之一，有的则是水的千万倍以上。这些天体除了具有上述各不相同的偶有属性外，还具有一些为这些天体所共有的、能将它们跟另外一种天体（行星）加以区别的属性，即它们的特有属性，它们都是由炽热的气体所组成、

① 这里的说法跟一般的逻辑教材的说法略有不同。一般教材提出概念的内涵与外延。我们则提出语词的内涵与外延。语词的内涵就是这个词所表达的概念，此外不再提概念的内涵了。

能自己发光的天体。人们将这一认识凝固下来，用一定的名称来称呼这些对象。在我们汉语中就叫作“恒星”。“恒星”这个词的内涵就是人们上述对恒星特有属性的认识，即对“它们是由炽热的气体所组成、能自己发光的天体”这一属性的认识。这个内涵也就是关于恒星的概念。人们有关于恒星的概念，不单是因为有“恒星”这么一个语词，更重要的是有上述一系列认识、理解，否则，不能说有了关于恒星的概念。例如，我们一般人虽然也听说过原子物理学中的“宇称守恒定律”或历史地质学中的“白垩纪”这样的名词，我们却很难说已经有了关于“宇称守恒定律”或“白垩纪”的概念。

“恒星”这个词的外延就是宇宙中千千万万的恒星，也就是可以用“恒星”这个词称呼的所有对象。

有人说，实词表达概念，虚词不表达概念。这也就是说虚词没有内涵，没有内涵自然也就没有外延。我们认为，这种看法是不正确的。虚词相对于实词来说，是更概括、更一般的东西。它跟实词的区别仅在于它在句子中的语法功能不同，实词可以独立地充当句子成分，而虚词则不行。但从虚词的产生来说，它不过表达了思维对语法关系和逻辑关系的反映。例如，“并且”这个连词就表达了思维对词与词之间、句与句之间（相应的是词与句所表达的思维对象之间）一种并存关系的反映；“如果……那么”这个关联词语表达了思维对句与句之间（相应的是句所表达的思维对象之间）一种条件关系的反映。这些语法关系和逻辑关系相对于思维对它们的反映来说，是一种客观存在的东西，思维中的这种反映就是虚词的内涵（也就是概念），而客观存在的通过语言不断表现出来的语法关系、逻辑关系就是虚词的外延。虚词概括了较之实词中的一般的东西更为一般的东西，并不是说它已概括到了“毫无一般性的东西”，真成了古代称之为的“虚”词。如果真是“虚”到了这样的程度，那么恐怕根本不能叫作“词”了。

有些人认为一些虚构的，即在现实中没有指称的词只有内涵，没有外延。我们认为一些虚构的语词同样具有外延，这种外延不是别的，它就是人们头脑中的虚构的概念本身。这种虚构有几种情况：一是纯属主观臆造，如“神”“鬼”等等（应该看到，即使这种纯主观臆造，它也是人对客观事物的一种歪曲的反映，人是按照人自身的形象而将其某些属性加以夸张或歪曲，形成“神”与“鬼”这一类概念，然后创造“神”与“鬼”这样的词来表达）；二是科学研究中的错误认识，如“燃素”“绝对空间”（这些语词所表达的概念，曾被认为是科学的概念，但随着科学的发展，人们发现这些概念是不科学的，它们不符合客观实际，也就是说在客观实际上找不到这些概念的外延，剩下的只是人们在一定历史时期对客观事物错误认识这个虚构本身）；三是科学的高度抽象，如“刚体”“理想溶液”“n维空间”“无限维空间”等（这些语词所表达的概念是有客观基础的，但在这个客观基础上高度抽象之后，在现实中就无法找到它们实际的外延，如果说有外延，这外延只能是人的头脑中这一抽象本身）。上述三种情况其虚构的性质有很大的区别，但它们有一点是共同的，即它们都没有客观实在的外延，而是以内涵作为外延。这种在特定的条件下以内涵作为外延的语境，逻辑上称之为内涵语境。文学作品除了像报告文学之类以写实为主的体裁以外，一般都提供内涵语境。有了内涵语境，像“天堂”“地狱”“孙悟空”“猪八戒”“东海龙宫”“太虚幻境”这样一些名称才有所指，才可以为人所理解。

第二节 “意义”的含义

一 “意义”一词的多义性

前面已经讲到，词是语音与语义的结合体。语句的意义是建筑在词的意义的基础上，而语段的意义是建筑在语句的意义的基础上，篇章的意义又是建筑在语段的意义的基础上，归根结蒂，要理解语言的意义首先要弄清一个个词的意义。

但是在弄清每一个具体的词义之前，我们必须弄清楚“意义”这个词的意义。

“意义”在汉语中，正如在其他自然语言中那样，是一个多义词。

根据《现代汉语词典》（第6版）的解释，“意义”一词具有两个义项：①语言文字或其他信号所表示的内容。②价值；作用：积极的~| 探讨人生的~| 这是一部富有教

育～的影片。

我们讨论语词或语句的意义问题时，主要是就“意义”的第一个义项而言。逻辑不可能决定每个语词或语句的具体意义，逻辑只可能研究什么是意义以及提供一种确定语词意义的一般方法。

一个词的语音形式跟这个词所表达的意义有联系，但没有内在的必然的联系。某个语音形式表达某种意义，这完全是约定俗成的，但一旦约定俗成之后，就具有某种固定的联系的性质，个人不可能任意变动。中国古代的唯物主义哲学家荀子就说过：“名无固宜，约之以命，约定俗成谓之宜，异于约则谓之不宜。”（《荀子·正名》）例如，我们将“对儿童、青少年或成年人进行教育的机构”称为“学校”，英语则称为“school”，俄语称为“школа”，语音形式不同（相应地文字形式也不同），而所表达的意义则基本相同。这种不同的表述形式在不同的民族中完全是约定俗成的，无所谓哪个“宜”，哪个“不宜”，但一旦约定俗成之后，个人就不得随意变更。这也正是阿Q对“用三尺长三寸宽的木板做成的凳子，未庄叫‘长凳’，他也叫‘长凳’，城里人却叫‘条凳’”这一点想不通的原因。

二 解释“意义”的几种理论

关于意义是什么的问题，历史上哲学家、语言学家们进行过长期的讨论。总的来说，有下述几种理论：

1.指称论，又称命名论

这种理论认为语词的意义就是它所指称、命名或代表的那个事物对象。例如“牛”这个词的意义就在于它所指称的牛那种对象。这种理论最适宜于解释专有名词，例如“武汉长江大桥”这个专名的意义就在于指称武汉长江大桥这个对象。指称论也可加以扩展解释普通名词、动词、形容词等，因为这些词都表示一个类，如“人”“跑”“勇敢”就分别表示了人这个类、跑的状态这个类、勇敢的属性这个类，而这些词的意义就是指的这些类的对象。

然而这种理论的困难就在于，有些词具有相同的指称却很难说具有相同的意义，例如，“《阿Q正传》的作者”与“《孔乙己》的作者”指称完全相同，都指鲁迅，但很难说这两个表达式的意义完全相同。另外，相反的情况是，有些意义相同的表达式却具有不同的指称，如指代词（逻辑上称为“索引词”）像“我”“你”“他”“这里”“这个”等，意义始终同一，但在不同的语境却可以指不同的对象。而这种理论最大的困难是如何解释虚词，因为它无具体对象可指，能否说它就无意义？

2.观念论

认为词的意义就在于它所代表的那种观念或思想。也就是说口里说出一个词，思想里就有一个相应的观念（概念）存在，这种观念（概念）就是这个词的意义。

这种理论的困难在于，我们在说话的时候很难保证每个词都有一个明确的观念，特别是比较抽象的词或虚词更是如此。另外也很难保证听话者具有跟说话者完全相同的观念。

3.因果论，或称刺激-反应论

这种理论将一个表达式的意义跟引起这个表述的某种刺激，或跟由这个表述所引起的反应等同起来。刺激来自一定的原因，反应产生一定的效果。例如，“开门”这个表达式的意义就在于说话者要听话者去开门这个动因，给出一定的刺激，于是听话者就出现一定的反应，产生一定的效果，即去把门打开。

因果论的困难在于说话者发出一定的刺激，在听话者那里可能产生很多不同的反应。例如，父母对孩子喊一声：“快来！”而反应却可以是各式各样的，如：

（1）没有反应，即孩子照样进行他原来的活动，好像根本没有听见父母的话。

（2）明确地加以拒绝 。

（3）要求父母加以解释。

（4）批评父母发出这样的命令。

（5）对不答应加以辩解。

（6）请求父母的怜悯。

（7）偷换主题，跟父母讲别的事。

（8）向相反的方向跑。

（9）答应来，但无行动。

（10）立刻回到父母身边。

产生这样一些不同的反应，根据因果论又如何来确定“快来”这个表达式的意义呢？

4.使用论

它是以人们实际上怎样使用语词，或者是应该怎样使用语词来解释语词的意义。如果两个语词具有相同的使用方式，那么它们就具有相同的意义。这一派流行这么一个口号：“不要去探索意义，去探索使用。”这种理论认为并非所有的词都指称某个东西，也并非所有的语句都有真假，而对于所有的词和句毫无例外的共同之点就在于人们都在言语中使用它们。

这种理论将言语行为分为三种：一种叫“表现行为”，一种叫“非表现行为”，一种叫“后表现行为”。例如，他对我说：“你不能做那件事。”这是表现行为，或译为“言之发”；他抗议我做那件事，这就是非表现行为，或译为“示言外之力”；他使我恢复了理智，把我劝阻了，不让我任性下去，这就是后表现行为，或译为“收言后之果”。非表现行为要以表现行为为基础，它又是后表现行为得以实现的手段，而后表现行为本质上包含某些效果的产生。两个语句同义就是说它们具有相同的非表现行为的可能性。

使用论解释意义是从语句开始的，因为一个句子是可以用来完成一个完整行为的最小的语言单位。单独一个词（这里不指某种语境中的独词句）一般不能说明什么，一个词具有某种意义是由于它在语句中根据规则为可能的非表现行为做出某种具有特色的贡献，这样，如果在句子中省去一个词而换上另一个非同义的词，这个语句的可能的非表现行为就会改变。例如，将“请将盐拿过来”换成“请将糖拿过来”，这句话的非表现行为就改变了。但准确地解释词的意义和词的使用，使用论目前虽然比较流行，但也存在一定的困难。

5.真值条件论

这种理论认为要了解一个语句的意义就是去了解在什么样的事物状态（条件）下，使得这个语句成为真的（或假的）。它要求用“真值”这个概念来解释“意义”，其公式是：

x是真的，当且仅当p。

x是一个代表语句名称的变项，p代表任一语句的变项，用一个例子表示就是：

"雪是白的"是真的，当且仅当雪是白的。

这种理论的困难在于每一个语句都有一个事实作为它的相应部分，如"雪是白的"这个语句与雪是白的这个事实相对应，这种对应关系是无穷多的，这样，一个人就很难掌握无穷多的语句的意义。其次，并非任何语句都有真假，特别是包含有像"善良""美丽"等评价性语词的语句，人们即使对词的意义取得一致的意见，但使用起来对什么是善良、美丽仍可能出现差异。

还有一些其他的意义理论，它们都从不同的角度探索了"意义"的含义问题。这些理论虽然也解释了某些语言现象，但也各自遇到不少的困难。

三　内涵意义和外延意义

我们认为，要确定一个语词的意义首先应该从两方面考虑：一是内涵方面，一是外延方面。因此可以说一个语词具有两方面的意义：一是内涵意义，一是外延意义。掌握一个语词的内涵意义就是要了解这个语词表达一个什么概念，这个概念反映了思维对象的哪些特有属性；掌握一个语词的外延意义就是要明确这个语词究竟可以用来指称哪些对象。

有人认为了解一个语词的意义只要了解它的内涵意义就够了，外延意义是多余的东西。这种看法是不全面的。墨子曾说过下面两段话：

> 今天下之诸侯，将犹多皆攻伐并兼，则是有誉义之名，而不察其实也。此譬犹盲者之与人，同命白黑之名，而不能分其物也，则岂谓有别哉。（《墨子·非攻》下）
>
> 子墨子曰：“今瞽曰：‘钜者白也，黔者黑也。’虽明目者无以易之，兼白黑，使瞽取焉，不能知也。故我曰，瞽不知白黑者，非以其名也，以其取也。”（《墨子·贵义》）

墨子在这里两次举盲者不能分清白色与黑色的东西的例子，说明这不是不知其名，而是不知其“取”，也就是说不知“白”与“黑”两个语词的外延。从墨子说的故事中看到，不掌握一个语词的外延意义，就不能说全面地掌握了一个语词的意义。但是，从认识的角度来看，掌握一个语词的内涵意义，是更有价值的。而且，如果说外延是可穷尽的话，那么对内涵的认识、掌握则是永无止境的。

第三节　语词之间的关系

要明确一个语词的具体意义，还得了解语词之间存在的一些关系。

一　同音词

指语音（包括声、韵、调）形式相同而意义完全不同的词。就以这个“词”字来说，它可以指语言中可以自由运用的最小的单位，例如：“山”“水”“社会”等语词；又可以指一种长短句的押韵文体，如宋词。“词”具有这两个完全不同的意义，而声音相同，所以叫作同音词。

这两种“词”是既同音又同形的。还有一种情况是同音不同形（指书写形式）的。例如“娇气”与“骄气”、“公式”和“公事”、“治癌”（物质）与“致癌”（物质），等等。

同音词从内涵上看它们表达着完全不同的概念，从外延上看它们是一种全异关系，所谓全异关系就是说它们的外延没有任何重合之处。我们从外延上画出全异关系的图如下：

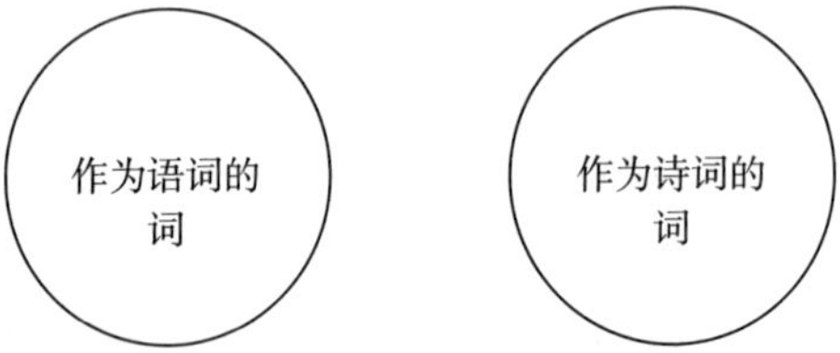

自然语言中存在一些同音词是一种正常现象，各种民族语言都有这种现象。在一定的语境中，同音词的词义是完全确定的，不会产生混淆，但在某种情况下，同音词由于语音相同，容易造成一种假象，似乎它表达的是同一概念，这样就可能出现语义混淆、甚至语义颠倒的现象。例如我们批评某某人“jiāoqì”，如果不加解释，受批评者就不清楚究竟是哪个“jiāoqì”（“娇气”“骄气”）。这还事小。如果我们向另外一位同志说：“茶叶是一种zhìái物质。”别人听了就不好决定究竟是喝茶还是不喝茶，因为不知道它究竟是“治癌”还是“致癌”。

学生作文也容易出现将同音词当作同义词使用的情况，结果违反逻辑中的同一律，造成偷换概念的逻辑错误。

二 同义词

指意义相同或相近的一组词。意义完全相同的词叫等义词，如“知道”与“晓得”，“马铃薯”与“土豆”。意义基本相同但仍存在一些差异的词叫近义词。如“界限”与“界线”，“幻想”“空想”与“梦想”，等等。

同义词之间的逻辑关系比较复杂。为了了解同义词之间的逻辑关系，我们先了解一下什么叫逻辑上的同一关系与交叉关系。如果两个语词的外延完全重合，这种关系称为同一关系，如果两个语词的外延是部分重合，这种关系称为交叉关系。例如，“多边形”与“多角形”是同一关系；“女学生”与“中学生”是交叉关系。用外延图表示如下（图中阴影部分表示重合）：

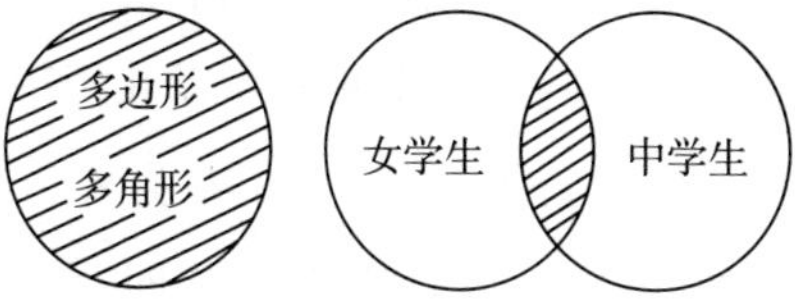

同一关系　　　　交叉关系

具有同一关系的语词在语句中可以互相替换而不影响整个语句的意义。具有交叉关系的语词不能互相替换。同义词中的等义词由于它们的意义完全相同，因此它们所表达的是同一个概念，这样的等义词在语句中互相替换一般是没有问题的。如：“我把医生请来了。”“我把大夫请来了。”但是，像“医生”和“大夫”之间的同一关系，实际上是一个概念自身和自身的同一关系，而不是不同概念（如“多边形”和“多角形”）之间的同一关系。

近义词在有些语境中可以互相替换，但一般很难完全替换使用，这是因为它们的词义多少存在一些差别，或者在词性上有些差别，或者在跟别的语词的搭配上有差别，或者在使用范围上有差别。

例如，“分别”“分辨”“区别”这三个词。相同的地方是它们都具有把两个以上的对象加以比较并区分开来的意思，都可用作动词。但在具体使用上又有区别。“分别”多用于有明显区别的事物。“分辨”多用于容易混淆的事物。“区别”则可用于以上两种情况，不过它更适用于互相联系或统一的事物。在某些语境中它们可以互相替换，如“分辨（分别或区别）香花和毒草”，但在另外一些语境中则不好替换，例如“分别”和“区别”有时可以用作名词或副词，而“分辨”就不行。如说“两者既有联系，又有区别”，这里不好用“分辨”去替换“区别”。

从上述比较中看出，近义词的情况比较复杂。在某些语境中有些近义词可以相互替换使用，因此在外延上可以看作是同一关系，但在另一些语境中却不能相互替换使用，它们的外延有相互重合的部分，也有不重合的部分，因此可以看作是交叉关系。从内涵上看，它们在某些语境中表达了相同的概念，在某些语境中表达了不同的概念。正因为这样，教师在语文教学中要做同义词词义的细致的辨析工作。

三　多义词

指具有几个相互有联系的意义的词。例如“运动”可以指物体的位置不断变化的现象；可以指宇宙间所发生的一切变化和过程；可以指体育活动，可以指政治、文化、生产等方面有组织、有目的而声势较大的群众性活动。

多义词虽然在意义上有某种联系，但从内涵与外延上看主要方面是不同的，因此，多义词也可以看作以相同的语词形式表达了不同的概念。学生在使用语词上往往会因为一个语词的多义性而产生混淆，甚至比同音词更容易产生混淆。这是语文教师要特别注意的。

四　下义词与上位词

一个词从外延上说包含于另一个词的外延之中，而从内涵上说不仅具有后一个词的全部内涵，还具有后一词所不具有的内涵，这样前一个词就叫作下义词，后一个词叫作上位词。

例如，“白菜”的外延包含在“蔬菜”的外延之中，“白菜”的内涵不仅包含“蔬菜”的全部内涵，而且还包含“白菜”所具有的特殊内涵。这样，“白菜”相对于“蔬菜”来说就是下义词，“蔬菜”相对于“白菜”来说就是上位词。同样，“红色”是“颜色”的下义词，“颜色”是“红色”的上位词。用外延图表示就是：

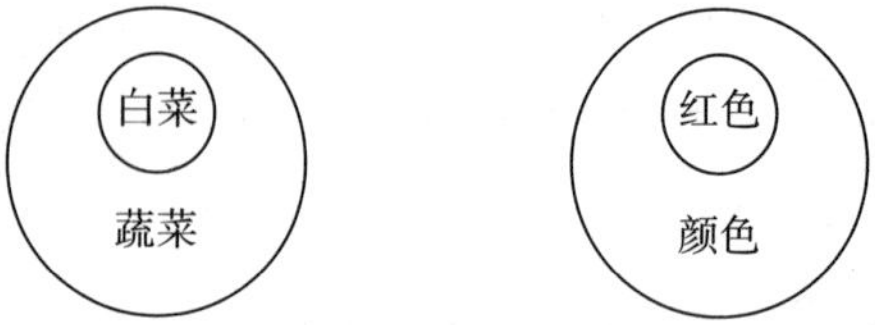

逻辑上将下义词与上位词之间的关系也称为“种属关系”，下义词为种，上位词为属。“白菜”为种，“蔬菜”为属，“红色”为种，“颜色”为属。种包含于属之中。但属与种又具有相对性。“蔬菜”相对于“白菜”来说是属，但相对于“食物”来说它又成为种，“食物”为属。“红色”相对于“颜色”来说是种，但相对于“猩红色”来说，它又成为属。

一个上位词可以包含很多下义词，同一个上位词所包含的几个下义词之间的关系，在逻辑上称为并列关系。例如，“蔬菜”之下的“白菜”“萝卜”“芋头”等都是并列关系；“颜色”之下的“红色”“黄色”“蓝色”等都是并列关系。用外延图表示就是：

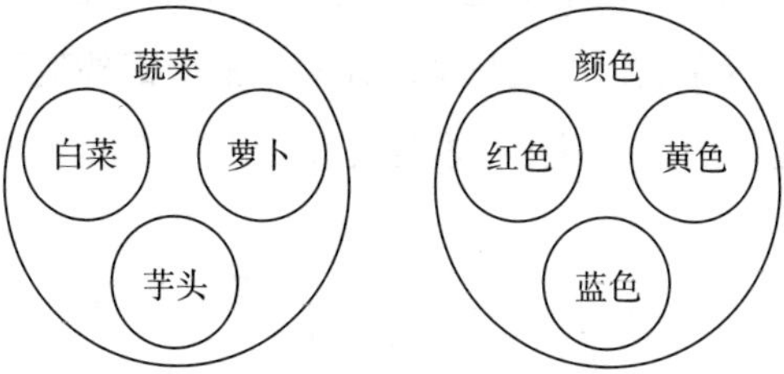

了解语词之间的下义词与上位词的关系，对我们进行定义、划分，以及推理都有很大的作用。

五 反义词

指意义互相对立的词。如“大”与“小”、“高”与“低”、“善”与“恶”、“攻击”与“防御”等。

为了说明反义词之间的关系，我们首先要介绍除了上述一些逻辑关系（全异关系、同一关系，交叉关系、种属关系、并列关系）之外的两种关系，即矛盾关系与对立关系。矛盾关系与对立关系也应属于全异关系，即具有矛盾关系或对立关系的语词的外延之间没有任何重合的部分，但它们又与像“正义”与“天王星”这样的语词之间毫无联系的全异关系不同，它们是属于同一个上位词的两个下义词之间的关系。

一种情况是，像“金属”与“非金属”这两个词，它们都是“元素”这个上位词所包含的两个下义词，它们的外延之和等于它们的上位词“元素”的全部外延。这两个下义词之间的关系叫作“矛盾关系”。用外延图表示如下。

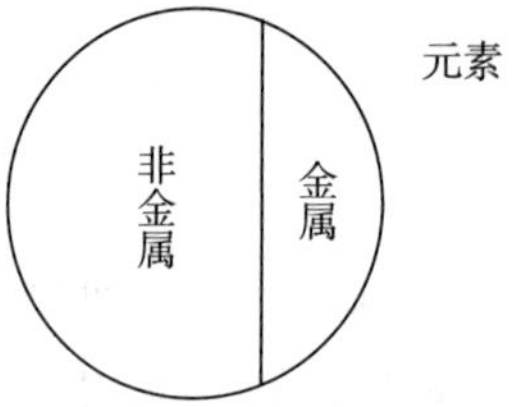

另一种情况是，像“白”和“黑”这两个词，它们也都是“颜色”的下义词，但它们的外延之和小于它们的上位词“颜色”的全部外延，也就是说“颜色”除了“白”和“黑”之外，还有别的颜色。这两个下义词之间的关系叫作对立关系。用外延图表示就是：

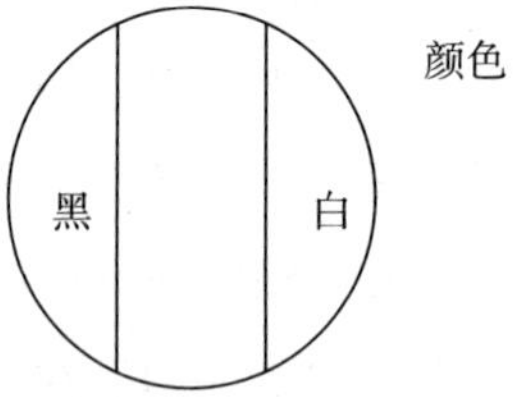

但是我们会发现，用这种逻辑上的纯外延关系来解释反义词会有一些困难，这就是反义关系不仅是外延上的关系，而且涉及语词内涵上的关系。反义词不仅是它们的外延之和小于它们的上位词的外延，而且它们的内涵正好互相对立。例如“大”与“小”是反义词，“大”与“小”的内涵正好对立。“大”是指“在体积、面积、数量、力量、强度等方面超过一般或超过所比较的对象”，“小”是指“在体积、面积、数量、力量、强度等方面不及一般的或不及所比较的对象”。正是在内涵上对立，它们才构成一组反义词。仅仅是外延之和小于上位词的外延，而没有内涵上的对立，很难说它们是反义词。例如“白菜”与“萝卜”，它们的外延之和小于“蔬菜”的外延，但不能说它们具有反义关系。而且很多反义词我们很难确定它们邻近的上位词，例如，“生”与“死”、“正”与“反”、“成功”与“失败”、“前进”与“后退”。这都说明反义词之间的关系单纯依据外延是说不清的。研究反义词，正如前面谈到同音词、同义词、下义词与上位词、多义词的问题一样，不能不在一定程度上涉及内涵的问题。这并不奇怪，因为意义的问题，本来就不只是一个外延问题。

了解反义词之间的逻辑关系，在思维中加强运用反义词的训练，对提高认识与表达能力有一定的帮助。从大的方面说可以帮助我们认识与掌握客观事物之间的对立统一的关系，例如学习唯物辩证法，就要认识“唯物论”与“唯心论”的对立，“辩证法”与“形而上学”的对立，“运动”与“静止”的对立，而从词义上看，这一组组都是反义词。从小的方面说可以帮助我们提高表述的修辞效果。例如写诗写对联强调对偶，对偶的方法之一就是运用反义词。过去有一本教对偶的入门书叫《声律启蒙》，其中有：

沿对革　异对同
贫对富　塞对通
明对暗　淡对浓
行对止　速对迟
来对往　密对稀
宽对猛　是对非
无对有　实对虚
终对始　疾对徐

这里运用的都是反义词，这些反义词用到诗词和对联中可以增强诗句和对联的形象性与表现力。

另外，掌握语词之间的反义关系，还可以帮助我们通过与反义词的比较来理解一个词的词义。例如，教师在教学时遇到“青睐”这样的词，经过正面解释它的词义，如果学生还不懂，教师可以举出它的反义词“白眼”，由于学生一般都掌握了“白眼”这个词的词义，也就很容易理解“青睐”这个词的词义。

上面谈到语词之间的一些关系，既谈到它们的外延上的关系，也谈到它们的内涵上的关系。明确这些关系主要是为了掌握语词的意义。从积极方面说这有助于我们加深对语词的理解和正确地运用语词，从消极方面说就是要防止出现语义上的混淆。

第四节 定义的目的

我们虽然了解了什么是语词的意义以及语词在意义上的一些关系，但是我们还会经常遇到一些具体的词，我们对它的词义毫无了解或者了解不深。逻辑为我们提供了一些明确词义的方法，这就是给语词下定义的方法。下定义有以下几个目的。

一 扩大与加深对语词的理解

人们对客观世界的认识是一个不断扩大、不断深化的过程。随着知识的扩展，必然会出现不少新的语词，这些新的语词表达了新的概念。例如，在原子物理方面，近几十年来，发现了不少比原子核更小的物质单元，即各种不同的基本粒子，它们都具有确定的质量、电荷，自旋、平均寿命等，对于这些新发现的基本粒子，科学家给予许多新的命名。除了原子物理以外，在其他科学领域，例如天文学、生物学……以及社会科学都出现了不少新的语词。例如"脉冲星""中子星""黑洞""类星射电源""深空间""太空时代""宇航病""月球车""软着陆""溅落""遗传密码""密码子""脱氧核糖核酸""核糖核酸""胰岛素""遗传工程""遗传分类学""人工智能""试管婴儿""夸克""仿生学""第三世界"……只有对这些新的术语给予精确的定义以后，才能为一般人所掌握。

二　消除对某些语词的错误理解

有时我们对一个语词似乎很熟悉，实际上理解并不透彻，使用时就不太准确，这时只有给予明确的定义，才有助于我们真正掌握这个语词的意义。

例如，1983年北京市举办中学生智力竞赛，复赛时曾出了这么一道小题："小兵十分神秘地对小军说：'你知道1976年唐山地震时北京是几级吗？'小军说：'我知道那儿是几级，可不知道北京是几级。'小兵说：'你不知道吧？我告诉你，北京比唐山小点儿，是6级。'谁说的对？为什么？"当时参加竞赛的和旁听的同学都说小兵说得对。结果他们都答错了。究竟错在哪儿呢？错就错在把地震震级和地震烈度两个概念搞混了。震级是表示地震本身的大小，一次地震只有一个震级；而地震烈度则表示地震对地面的破坏程度。震级是根据地震仪记录到的地震波来推算的，通常是取地震台网的平均值。地震烈度是地震发生后根据地震现场的破坏程度对照地震烈度表而确定的。一般情况下，震中区破坏最重，地震烈度最高，距震中越远，烈度越低。人们常说某次地震的烈度多少度，指的是震中烈度。如唐山1976年那次大地震，震级是7.8级，震中区唐山市地震烈度为11度，而波及区北京市地震烈度为6度。如果上述赛题改为问地震烈度，那小兵就说对了。（参阅1983年11月12日《人民日报》所登国家地震局分析预报中心梁鸿光的文章《如何区分地震的震级和烈度?》）了解地震震级与地震烈度的定义之后，我们就能明确区分这两个概念了。

三 对科学术语给予理论性的解释

有些语词作为生活用语与作为科学术语在意义上是有很大差别的。我们往往只了解这些语词作为生活用语的意义，而不了解它们作为科学术语的意义。要了解科学术语的正确含义，必须给予一定的定义。

例如，对于“热”这个词，一般人只从人的感性知觉方面来理解它的意义，而物理学却揭示了热的本质。热是大量实物粒子（分子、原子等）的混乱运动，这种运动越激烈，这些粒子组成的物体或体系就越热。又如“酸”，一般也只是从感觉上理解，而化学却指出广义的酸应该是指任何能放出质子（H+）的分子或离子。物理学与化学所提出的关于“热”与“酸”的定义，都是具有深刻的理论意义的。

四　影响态度

这是在上述三个目的达到之后附加的第四个目的。一个语词的定义不仅可使听者或读者掌握这个词的意义，而且可以影响听者与读者对某一事物或某一现象的态度。例如，自由主义主要有11种表现形式，当人们知道某一种现象属于自由主义而又了解到自由主义是无产阶级政党和革命团体中取消积极的思想斗争、主张无原则的和平的一种错误倾向时，不仅提高了对自由主义的认识，而且产生对这种自由主义现象极端厌恶的态度。（参阅毛泽东《反对自由主义》）

第五节 定义的种类

既然意义有外延意义与内涵意义两个方面，对语词做出定义时也就可以从这两个方面进行。

一 外延定义

它主要是通过揭示语词的外延以明确一个语词的意义。外延定义又可分为实指定义与列举定义两种。

1.实指定义

即通过实际指出一个语词的外延（这个词所适用的对象）的方式来明确这个词的意义。

例如学生分不清“杨树”与“柳树”，教师与其做半天口头的描述，不如将学生带到杨树与柳树底下，指给他们看，这就是杨树，这就是柳树。学生有了对形象的直接感受，也就明确了“杨树”“柳树”两个词的意义，下次使用这两个词时也就不会用错了。有些对象无法找到实物又无法描述清楚，例如，教师向学生介绍什么是“恐龙”，而现在世界上已没有恐龙这么一种东西，教师就只有带领学生到博物馆去看恐龙的骨架以及给学生看恐龙的图片，用这种方式让学生对“恐龙”有所了解。在一般词典中，也经常使用实指定义的方法来解释词义。例如要讲清人眼的各个部位的名称（结膜、角膜、虹膜、瞳孔、晶状体、巩膜、脉络膜、视网膜、盲点、黄斑、玻璃体、视神经），用其他的方法是非常困难的，词典中就附有一张眼球的画图，用线条标记出各个部位的名称。

实指定义是一种非语词的外延定义，这是因为给一个语词（被定义项）下定义的部分不是一组语词而是实物。有人认为这不可能算作一种定义。其实，在日常生活中，在教学中，人们经常使用这种方法来增进理解，扩大知识，甚至在科学研究中也常采用。这是一种初级的方法，但终究是一种帮助人们理解词义的方法。

2.列举定义

即列举出一个词所包含的几个下义词，或称呼这个词的外延中所包含的分子的名称以明确这个词的意义。

例如，当学生不理解什么是“有理数”时，教师可以说：“正整数、负整数、正分数、负分数以及零统称为有理数。”这里“正整数”“负整数”“正分数”“负分数”以及“零”都是“有理数”的下义词。

又如,《现代汉语词典》(第6版)“牲”的第二个义项:“古代祭神用的牛、羊、猪等”也是通过列举来定义。

二 内涵定义

它是通过揭示语词的内涵以明确语词的意义。

在具体介绍各种内涵定义之前,先得谈一谈内涵定义的结构:一个内涵定义总有三个部分,一是被定义项,即它的内涵有待明确、有待解释的词或词组;一是定义项,即用来说明或解释被定义项的词或词组;还有一个是定义联词,自然语言中往往用“就是”“是”“是……的意思”“意谓”“叫作”“称为”“当且仅当”等来表示。例如:

频率就是单位时间内完成振动(或振荡)的次数或周期。

被定义项 联词 定义项

内涵定义可分为约定定义、同义词定义、实质定义,语境定义、操作定义等。

1.约定定义

当第一次引入一个新词或新的符号时,人们可以规定它的意义。如:

例1.小月是指阳历只有30天或夏历只有29天的月份。

这里就是对“小月”这个词规定了一定的意义。

例2. n个a相乘的积称为“a的n次幂”，或“a的n次乘方”，记作a^n，a是底数，n是指数。

这里对“幂”“乘方”“底数”“指数”都给予了约定。

一个词具有约定定义完全是由人们规定的。这种约定定义只是一种建议、一种决定，例如规定只有29天的月份为“小月”，但是一种约定一旦被社会接受之后就不得任人自由更换。既然这种约定定义是由人们规定的，因此约定定义的一个重要的逻辑特征就是它无所谓真假，它不能看作是一种断定。它只存在是否明确、是否适用的问题。

2.同义词定义

对于一个已经具有确定意义的语词，在某种场合下如果有人对它的意义不太明了，可以运用同义词作为定义项来给被定义项下定义。如：

例3. 而立，三十岁的代称。（语出《论语·为政》“三十而立”。）

例4. 不惑，四十岁的代称。（语出《论语·为政》“四十而不惑”。）

例5. 匠心，巧妙的心思。（秦牧《花城》注）

例6. 髹，用漆漆东西。（秦牧《土地》注）

同义词定义多用于被定义项是一个古语词或比较生僻的语词。它要求定义项一定是一个大家熟悉的、其意义比较明确的语词。像上面说“不惑”，一般人不懂，但说四十岁谁都懂，用“四十岁”来定义“不惑”，学的人一听就明白。

同义词定义在词典中（特别是在比较小型的词典中）使用得比较多，因此，同义词定义有时也称为词典定义。

我国最早的一部词典——《尔雅》，用的主要是义训的方法。在其开始的《释诂》《释言》《释训》三篇中用的就是同义词定义的方法。例如，《释诂》中有这么一条：“迄、臻、极、到、赴、来、吊、艐、格、戾、怀、摧、詹，至也。”前面十三个词都含有“至”的意思，所以，就用“至”来解释。

在语文教学中教师也经常使用同义词定义。

约定定义和同义词定义也叫作唯名定义。

3.实质定义

它是通过揭示一个语词所表达的思维对象的实质来给这个语词下定义。这种定义一般逻辑教材也叫作属加种差的定义。我们在“语词之间的关系”一节中讲到“下义词与上位词”的关系。下义词与上位词之间的关系也叫作“种属关系”。实质定义就是通过语词之间所表达的种属关系来下定义。这种定义方法是首先找到被定义项的属（即上位词），再找出这个被定义项作为属下面的各个种之间的差别（即种差），然后将这个属与种差合在一起组成定义项来给被定义项下定义。找出被定义项的属与种差也就是揭示出这个词所表达的思维对象的实质。如：

例7.商品是用来交换的劳动产品。

种差　　属

被定义项　　定义项

被定义项是“商品”，定义项是“用来交换的劳动产品”，在定义项中又分为两部分，“劳动产品”是“商品”的属（即上位词），“用来交换的”就是种差，也就是“商品”跟其他非商品的劳动产品之间的差别。又如：

例8.恒星是由炽热的气体组成、能自身发光的天体。

例9.光谱是复色光通过三棱镜或光栅后分解成的单色光按照波长（或频率）依次排成的光带。

例10.膨胀率是表征物体受热时其长度或体积增大程度的物理量。

用实质定义给表述复杂事物或社会现象的语词下定义，种差部分往往要从多方面阐述。如《现代汉语词典》（第6版）“滑梯”的定义：“滑梯是一种儿童体育活动器械，在高架子的一面装上梯子，另一面装上斜的滑板，儿童从梯子上去，从斜板滑下来。”

定义的语言表现形式不尽相同。有时定义项在语句前端，有时省略了上位词，有时上位词（属）放在种差之前。如：

例11.语言里意义相同或相近的词叫作同义词。（这个定义中定义项在前，被定义项在后。）

例12.在学校读书学习的（人），都叫作学生。（这里不仅定义项在前，而且在定义项中省去了表示属的“人”这个上位词。）

例13.钠。化学元素。符号Na，原子序数11。银白色软金属。（这个定义中，定义项的属在前，种差在后，而且种差是分别陈述的。）

实质定义是科学研究中经常使用的方法，它反映人们在一定时期对客观世界的认识水平，是人们对某一事物认识的结晶，正因为这样，实质定义也经常随着人类认识的发展而逐渐深化，变得日益准确、日益完整。在一定历史时期，实质定义在一定的阶段总具有一定的局限性。如果人们执着于一种定义，以为这就是绝对真理，就会犯思想僵化和教条主义的错误。

4.语境定义

在定义时不只是列出被定义项这一个语词，而且要列出这个语词所出现的整个语境，然后给出一个跟这整个语境意义相等的语句作为定义项，从而了解被定义项的意义。这特别适用于虚词这一类用前述方法无法定义的词。

例如，要给连词“只有”下定义，就难找出一个实质定义，但我们可以给予一个语境定义。这时被定义项不能只列出“只有”这个词，而是列出“只有”这个词所出现的语境，如“只有刻苦学习，才能取得好成绩”，它的意思是“刻苦学习可能取得好成绩，而不刻苦学习，就不能取得好成绩”，这样就把“只有”的意义讲清楚了。再多提几个语境，“只有”的意义就更清楚了。

语文教师在进行教学时，讲虚词往往多用举例的办法，实质上就是使用语境定义的办法。

5.操作定义

把对一个事物进行操作实验的过程作为定义项来对某个词（被定义项）下定义。如：

例14.电解：如果通电流入电解质或熔融电解质中，便会在两个电极上（或电极旁）同时产生化学反应，这种过程称之为电解。

例15.稀释：如果加溶剂于溶液中，便能减小溶液浓度，这种过程称之为稀释。稀释时常有放热或吸热现象发生，称之为稀释热。

操作定义主要用于物理、化学等这一些实验性的科学中。

内涵定义除了上述五种定义方法外，还有一些其他的定义方法，它们跟语文教学的关系比较疏远，我们就不介绍了。

第六节 定义的规则

上述一些定义方法各自有些特殊的要求，这里只谈一些内涵定义的一般规则。

一 定义项与被定义项必须相应相称

这就是要求定义项所揭示的正好是被定义项的内涵，而定义项与被定义项在外延上正好相等，否则就要犯“定义过宽”或“定义过窄”的错误。

如果将“词”定义为“能够独立运用的语言单位”，就犯了“定义过宽”的逻辑错误，因为“词”不仅是“能够独立运用的语言单位”，而且是“能够独立运用的最小的语言单位”。这个定义中的种差部分缺少“最小的”这一限定词，这样给“词”下的定义不仅在外延上包括词，而且包括词组（词组也是能够独立运用的语言单位）。这样定义项的外延就大于被定义项的外延，就不能达到给“词”下定义的目的。用外延图表示就是：

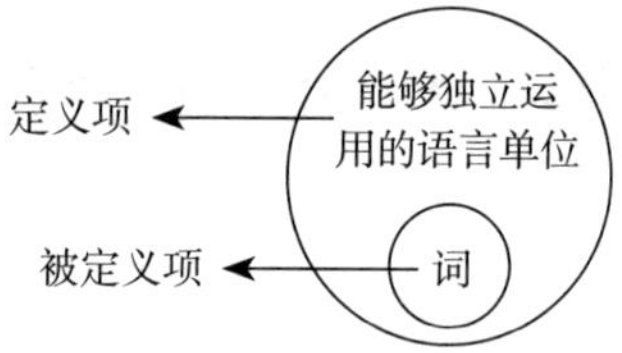

又如将“平行四边形”定义为“两组对边分别平行、对角线相等的四边形”，就犯了“定义过窄”的逻辑错误，因为平行四边形只要求对角线互相平分，而不要求对角线相等。对角线相等是平行四边形的一种即矩形（长方形）的特征。所以上述定义中，定义项的外延小于被定义项的外延，这也是不合适的。用外延图表示如下：

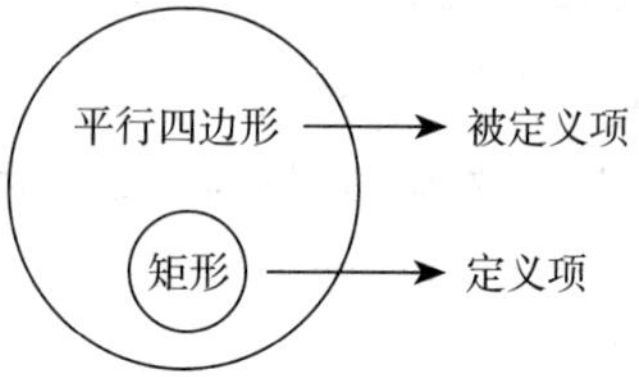

有时一个定义会同时出现既过宽又过窄的逻辑错误。例如，有人将“人”定义为“有理性的动物”，仔细推敲起来，这还有不够准确之处。一是根据这个定义，婴儿、先天性的白痴、疯子都不能算人，因为他们都缺少一定的理性。二是根据这个定义，具有某些初级的理性因素的类人猿（经过人的训练后，有对事物初步进行分类与归类的能力）也要算人。前者是定义过窄，后者是定义过宽。而从法律的角度来看，一个胎儿从什么时候起可以算人，这些都是值得在给“人”下定义时仔细推敲的。

二 定义不允许循环

这就是要求以定义项给被定义项下定义以后，不允许再以被定义项来给定义项下定义。不仅不允许直接这样做，而且不允许间接地、即经过若干环节之后这样做。这就是说不允许以B给A下定义，又以A给B下定义，或者以B给A下定义，以C给B下定义，又以A给C下定义。如果这样做了就要犯同语反复或循环定义的错误。如：

例1.拼写就是用拼音字母将普通话拼写出来。

这就犯了同语反复的错误，因为被定义项是“拼写”，说明“拼写”这个词词义还不清楚，有待定义，而在定义项中又出现“拼写”一词，这就是说以一个有待定义的词本身去定义一个有待定义的词，结果是什么也没有定义。

例2.劳动对象：人们对生产物质财富而以劳动加于其上的一切东西。

这里是以“劳动”来给“劳动对象”下定义，但在下面的例3中：

例3.劳动：人们改变劳动对象使之适合自己需要的有目的的活动，即劳动力的支出。

这里又倒过来以“劳动对象”给“劳动”下定义，这就成了循环定义。

金岳霖先生在1937年所著《逻辑》一书中说道：“关于定义之规律大约有好几条……。这许多规律中仅有一条是我们要注意的，其他都可以不理。我们所应当注意的一条，最简单的说法，就是定义不要绕圈子。”这说明“定义不允许循环”这条规则特别重要。

三 定义一般不采用否定式

定义总得直接揭示被定义项所包含的意义，因此一般都是用“××是（就是）×××”的形式，而不用“××不是×××”的形式，因为后者只指出被定义项不具有一些什么样的属性，而没有说明它具有什么样的属性，这样就达不到定义的目的。如：

例4.生产力不是生产关系。

这只表明“生产力”不包含在“生产关系”的外延之内，而究竟什么是“生产力”，还是没有说清楚。如果再加上一个“生产关系不是生产力”，就不仅成了否定定义，而且成了循环定义了。

歌剧《刘三姐》中有一段对歌：

刘三姐：“高高山上低低坡，三姐爱唱不平歌，再向秀才问一问，为何富少穷人多啰穷人多？”

陶秀才：“穷人多者不少也。”

李秀才：“富人少者是不多嘛。”

罗秀才：“不少非多，多非少。”

莫海仁：“快快回答莫啰唆。”

陶秀才是以“不少”定义“多”，李秀才又以“不多”定义“少”，这就成了否定定义和循环定义的典型，使得专门害人的大地主莫海仁也感到啰唆得难以忍受了。

在科学中一般不使用否定定义，但在某些特殊的场合下，即这个语词的内涵本身就包含有否定的因素时，才使用否定定义的形式。如：

例5.奇数就是不能被2所整除的整数。如：±1，±3……

例6.合数是大于1而不是质数的整数。

例7.质数是大于1而除了它本身和1以外，不能被其他正整数所整除的整数。

四　定义不要使用晦涩的、有歧义的、比喻性的语言

下定义的目的就是要明确一个语词的词义，这就要求定义项一定要使用明确的语言。如果定义项本身的语词是晦涩的、有歧义的、比喻性的，就不能准确地揭示出被定义项的内涵，就达不到定义的目的。

例如，要给“儿童”下定义，说“儿童是祖国的花朵”，这虽然揭示了“儿童”可爱的特点，但没有揭示出“儿童”的年龄规定。说“儿童是祖国的花朵”，只是一个比喻，它不能算是一个科学的定义。

再如，老师在教学中遇到一个“胄”字，学生问老师：“胄是什么意思呀？”老师回答：“胄就是胤的意思。”（“胤”与“胄”都有“后代”的意思。）恐怕学生很难满意老师这个回答，因为“胤”比“胄”更生僻，更难懂，老师的解释等于没有解释。

要求定义明确也具有一定的相对性。有些语词孩子们认为不明确的，成年人觉得很明确；一般人认为不明确的，某个领域的专家认为很明确。这就要求我们下定义时要注意对象，要考虑对象的水平。

例如，对“力”这个语词，不同的词典给予了不同的定义。

在《新华字典》（第11版）中将“力”定义为“力量，力气，动物肌肉的效能”，这是人们对力的最直观、最基本的理解。由此再抽象为“身体器官的效能”，再抽象为“一切事物的效能”。这种定义适合文化程度比较低的人的理解。

在《现代汉语词典》（第6版）中，明确“力”是一个物理学概念。“物体之间的相互作用，是使物体获得加速度和发生形变的外因。力有三个要素，即力的大小、方向和作用点。”这适合一般人的理解。而在《辞海》（第六版）中则定义为：“物质之间的相互作用。力的概念起源于气力，是人们在劳动中通过肌肉紧张的感觉而体会到的；现在已大为推广：凡能改变物体静止或匀速直线运动状态或使物体发生形变的作用都称为力。”这适合于稍有物理学专业知识的人理解。

另外，一些物理学家各自对“力”做了专门解释，这只有受过严格的专业训练的人才能理解。

教师在语文教学中给学生讲解词义时要考虑学生的实际水平与接受能力，不然的话可能教师所下的定义本身是正确的，但学生听不懂，消化不了，这样的定义就很难起到应有的作用。

定义是语文教学中一种经常要使用的逻辑方法。提高学生的逻辑思维能力，让学生掌握科学定义的方法是很重要的一个环节。

例如，特级教师斯霞教小学一年级学生掌握“祖国”一词时，进行了这样的对话：

> “你们知道什么是祖国吗？”斯老师问。
>
> 有个儿童回答说：“祖国就是国家。”
>
> 斯老师又问：“美国是个国家，日本也是一个国家，我们能说美国、日本是我们的祖国吗？”教室里沉静片刻，有几个儿童回答说：“祖国就是我们自己的国家。”
>
> 斯老师很高兴，接着又做了一些补充：“祖国就是我们自己的国家。我们的爸爸、妈妈、爷爷、奶奶，祖祖辈辈都生长在这儿的国家，叫祖国。”

斯霞老师在这里就是使用定义的方法（这里是用属加种差的定义方法）以帮助学生掌握新的语词，同时也就培养了学生的逻辑思维能力。

第七节　划　分

在日常生活中和科学研究过程中，还有一种经常要运用的逻辑方法，这就是划分。所谓划分，就是将一个属分成几个种，将一个类分成几个小类，以至个体；在语言上就是将一个上位词所包含的若干个下义词全部列举出来。

例如，“词”可以划分为“实词”和“虚词”。“实词”可以再划分为“名词”“动词”“形容词”“数词”“量词”“代词”“副词”；虚词可以再划分为“介词”“连词”“助词”“语气词”“叹词”。

这里“词”相对于“实词”“虚词”来说是上位词（即“属”），“实词”与“虚词”相对于“词”来说是下义词（即“种”）。“实词”与“虚词”是并列关系。“实词”相对于“名词”“动词”等来说是上位词（“属”），“名词”“动词”等相对于“实词”来说是下义词（“种”）。“虚词”相对于“介词”等来说是上位词（“属”），“介词”等相对于“虚词”来说是下义词（“种”）。

划分有三个要素：（1）被划分的词（即“上位词”），如上述“词”；（2）划分后所得的词（即“下义词”），如上述“实词”和“虚词”；（3）划分的根据（也称划分的原则或划分的标准），如上面的划分就是根据词的语法功能进行的：能够独立充当句子成分的叫作“实词”，不能独立充当句子成分的叫作“虚词”。从外延上看，“词”的划分正如下图：

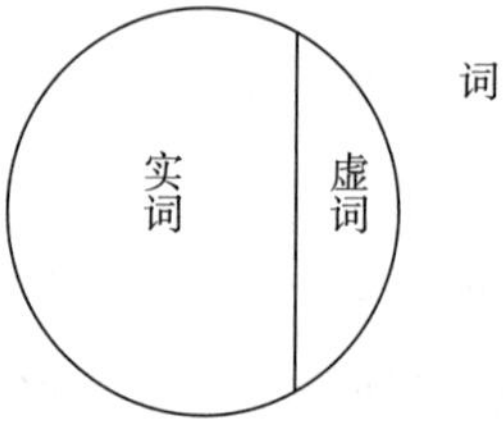

又如，“基本粒子”如按质量分，可以分为“光子”“轻子”“介子”“重子”等四个小家族。这里，“基本粒子”就是被划分的词，“光子”“轻子”“介子”“重子”就是划分后所得的词，质量大小就是划分的根据。

逻辑上的划分主要是指对语词做外延上的划分，也就是对词所表达的思维对象进行划分。这种划分并非任意的，它是根据人的实践的需要而进行的，是有其客观基础的。

任何事物都具有一定的普遍性和某种特殊性，事物是普遍性与特殊性的统一体。确定划分的根据就是要找出一个事物本身所具有的普遍性与特殊性。如对“词”做划分，根据就是各类词所共同具有的但表现形式又各不相同的语法功能。对“基本粒子”进行划分就是根据各种基本粒子共同具有但又表现形式各不相同的粒子质量。划分的根据越是本质的，划分的科学价值就越高。根据一类对象极为深刻的本质所做的划分，就是分类。如对生物进行的分类，对化学元素进行的分类。这种分类具有一定的稳定性，它标志人们对客观事物认识的一定阶段。

当然，分类也将随着人类认识的不断发展而发展。

既然划分的根据涉及人们对客观事物的认识问题，那么划分就不能只涉及语词的外延，它也涉及语词的内涵。

不过，人们也可以根据某种临时的需要而做出一种划分，如在排队时教师命令“报双数的向前一步走”。这种划分随着实践的结束而结束，它不具有深刻的科学意义。

划分还有一种特殊的形式，就是二分法。它根据被划分的词所表达的思维对象具有或不具有某种属性而进行划分，例如根据演出是否以营利为目的将“演出”划分为

“公益演出”与“商业演出”，划分出来的词之间处于一种矛盾关系。

划分之后可以将划分出来的词再进行划分，由此以往，一直划分到个体为止。

要使划分正确，必须遵循一定的规则。这些规则有：

第一，一次划分只能采用同一根据。

同一个上位词，由于采用不同的根据，可以划分成几组不同的下义词。但是从一次实践的需要来说，只能采用一个根据，这样划分出来的词在外延上不会出现交叉的现象。否则就会产生用词上的混乱。

例如，语音中的元音，可以根据舌位的高低分为高元音、中元音和低元音；可以根据舌位的前后分为前元音、央元音和后元音；可以根据嘴唇的圆展分为圆唇元音和不圆唇元音。但是在一次划分中只能采用一个根据，这样划分出来的结果在外延上不会重合。如果同时采用几个根据进行划分，例如将元音划分为高元音、低元音、央元音、后元音以及圆唇元音，其结果必然相互混杂，外延上就会出现交叉现象。

学生作文中有时出现这样的语句：“今天参加义务劳动的不仅有男女同学，还有团员与青年。”这里就采用了几重根据进行划分，既根据性别，又根据有无团的组织关系。

这些语词并列在一起，外延上是相互交叉的，男生中有团员和非团员，女生中也有团员与非团员。这就达不到划分的目的。

第二，划分出来的下义词的外延相加应该等于被划分的上位词的外延。

对“词”的划分，划分后“实词”与“虚词”的外延相加等于“词”的全部外延。

但是，如果对“生物”进行划分，只分为“植物”和“动物”，就犯了“不完全划分”的错误，因为“植物”和“动物”的外延相加小于“生物”的外延，它遗漏生物中的一大类，即“微生物”。用外延图表示如下：

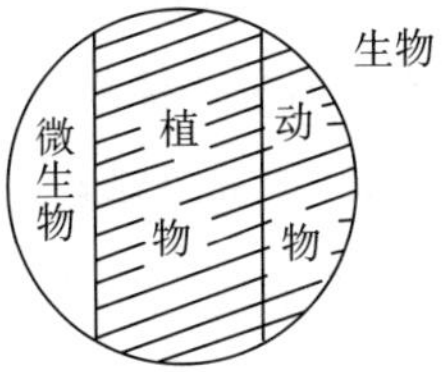

又如将“文学作品”划分为“小说”“诗歌”“散文”“戏剧”和“杂文”，就要犯“多出外延”的错误，因为有些政论性的杂文不属于文学作品。将“小说”“诗歌”“散文”“戏剧”和“杂文”的外延相加，大于“文学作品”的外延。用外延图表示如下：

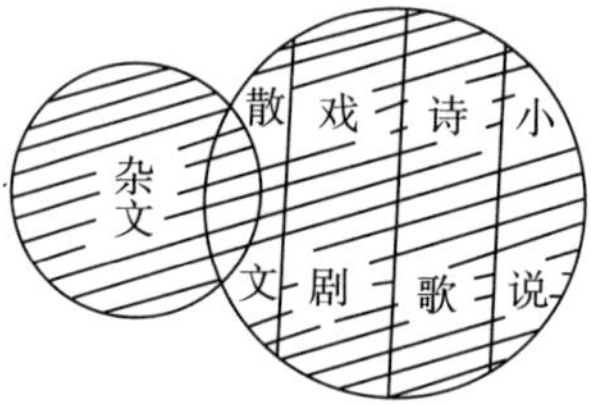

有时为了避免语言啰唆，将划分后所得的下义词只列出几个有代表性的，然后加上“等”或“等等”表示省略。如“实词”可以分为“名词、动词、形容词等等”。这样并不违背“划分出来的下义词的外延相加应该等于被划分的上位词的外延”的规则。

第三，划分要逐级进行，不允许跳跃。

客观事物有它一定的系统性，系统性的东西也表现出一定的层次性。因此，划分要体现出客观事物的系统性、层次性，必须逐级进行，不允许跳跃。

例如，“词”首先划分为“实词”和“虚词”，然后对“实词”和“虚词”再进行划分。这样就把各类词的语法特征体现出来了，如果将“词”直接划分为“名词”“动词”“形容词”等，就显不出一些词的“实词”的特征和一些词的“虚词”的特征，这对语法研究来说将会产生很多难以解释的问题。划分时出现跳跃，逻辑上称之为犯了“越级划分”的错误。

又如，在数学中对“数”的划分如下：

- 复数（a+bi）
  - 实数（b＝0）
    - 有理数
      - 整数
        - 自然数（正整数）
        - 零
        - 负整数
      - 分数（正，负）
        - 有限小数
        - 无限小数
    - 无理数（正，负）——无限不循环小数
  - 虚数（b≠0）

如果这个划分不是逐级进行，而是“越级划分”，将“实数”直接划分为“自然数”“零”和“负整数”，那就根本体现不出数的严密的科学系统性和层次性。

划分是日常生活中、科学实验中、教学过程中经常运用到的一种逻辑方法，其目的就是帮助我们明确一个语词（以及语词所表达的概念）的外延。例如《杨树》一文指出：“植物学家把杨属植物分为白杨派、黑杨派、青杨派、胡杨派、大叶杨派等五大派。”这就使学生明确了杨属植物的外延。划分要根据一定的实践目的进行。如果单单按照事物的外部标志来分类，用这种方法来写文章、做报告，大一二三，小一二三，这是开中药铺的方法，是形式主义的方法，是一种最低级、最幼稚、最庸俗的方法，是没有什么认识上的价值的。毛泽东同志在《反对党八股》一文中对这种方法进行了尖锐批评。我们在学习划分这种逻辑方法时应对这种形式主义有所警惕。

还应该注意，不要将逻辑划分与将一个事物的整体分解为各个部分相混淆。整体分解为部分，部分不再具有整体的性质。例如，人分解为头、腹、手、脚等各个部分，头、腹，手、脚不再具有人的性质，不能将一个“头”称为一个“人”。但逻辑划分后，种仍具有属的性质，例如，中学生仍具有学生的性质，“中学生”仍可以称为“学生”。

第八节 归类

归类是日常生活中和科学认识过程中经常运用的另一种逻辑方法。它是将个体归于类，将种归于属，将特殊归于一般。表现在语言上就是将下义词归于上位词。它跟划分（分类）正好是一个相反的过程。

原来的初中语文教材有知识短文。在讲词和词的分类的知识短文后面有这样的练习：

试指出下边两段话里画线的词各属于哪类词：

有时天边有黑云，而且云片很厚。太阳出来了，人却不能够看见它。然而太阳在黑云里放射出光芒，透过黑云的周围，替黑云镶了一道光亮的金边，到后来才慢慢儿透出重围，出现在天空，把一片片黑云变成了紫云或红霞。这时候，光亮的不仅是太阳、云和海水，连我自己也成了光亮的了。

这不是很伟大的奇观么？

学生做这种练习时，首先考虑这些具体的词具有哪些语法上的属性，其次考虑这些属性符合哪一类词的特征，第三就确定某个具体的词属于哪一类词。

例如，“太阳”这个词是表示一个事物的名称，表示人或事物名称的词叫名词，所以，“太阳”这个词属于名词。

“看见”表示人的动作，表示人或事物的动作、行为、变化的词叫动词，所以，“看见”属于动词。

“然而”是用来连接句子的，连接词、词组、句子或段落的词叫连词，所以，“然而”属于连词。

学生这样答题的过程就是归类过程。

又如某省中考语文有一道题，要求学生指出一段文言文中“之”字用法相同的句子，就属于归类。

我们再举几个归类的例子。

教师对学生进行考试后，确定85分及以上的为“优秀”，85分以下至75分的为“良好”，75分以下至60分及以上的为“及格”，60分以下的为“不及格”，于是教师根据每个学生的考试成绩将该生归于“优秀”“良好”“及格”

或“不及格”四级，这也是进行归类。

邮局每天从邮筒中收到大批信件，邮务员就根据信封上所写的地址将信一封封分到某个地区类之中，然后用邮包将各地的信分别包装起来，用各种交通工具运走。这种分信的过程，也就是归类的过程。

自然科学更是经常运用归类的方法。例如在核物理中，每当科学家发现一个新的基本粒子，就要根据它表现出来的各种特性予以归类，确定它究竟属于哪一类。

生物学家每发现一个新的物种，也要根据这一物种的特性，将它归于一定的种、属、科、目、纲、门。例如，海里有一种动物叫“海豚”，样子很像鱼，但动物学家对它进行了研究，发现它并不属于鱼类，而是属于齿鲸亚目，齿鲸亚目属于鲸目，鲸目属于哺乳纲。由此推出，海豚是哺乳动物。

1980年年底，在我国云南禄丰县石灰坝，发现了一个距今大约800万年前的腊玛古猿头骨化石。这个消息引起了国内外的极大重视。古人类学家要通过对这个头骨的研究，以确定它究竟是属于人的系统还是猿的系统，其根据就在于看这种古猿能否两足直立行走：能两足直立行走的是人，可以归于人的分类范畴或人科，只能半直立行走的则归入猿的分类范畴或猿科。根据腊玛古猿的头骨形态，特别是颅底结构的特点，以及颅底大圆孔（枕骨大孔）的位置等，一般可以确定它的行动方式，即是否能两足直立行走。如果腊玛古猿肯定是在人的系统，而已发现的最早的腊玛古猿化石是在距今1400万年前，那就表明人从猿的系统中分化出来的时间是在1400万年前。反之，如果腊玛古猿不在人的系统内，那么人和猿的分界点很可能是距今大约600万年前。由此可见，对腊玛古猿的归类确实具有重大的科学意义。

我们之所以在这一节举例较多，是因为通常容易将划分与归类看作一回事，实际上这是两个相反的过程。划分是从一般到特殊到个别的过程，而归类则是从个别到特殊到一般的过程。归类的最终界限是范畴，即表达思维对象的最普遍的本质联系的语词，例如“物质”“精神”“形式”“内容”等等。

归类的规则跟划分的规则相类似，这里就不再赘述。

总之，划分与归类是相辅相成的，从人的认识过程看，总是先归类，后划分，即先从特殊到一般，再从一般到特殊。划分之后又发现一些新的类属问题，又重新进行归类，再进行划分，科学在这不断反复的过程中得到发展。生物学中有一门专门的科学叫分类学，它既包括划分，也包括归类。实际上任何一门科学都有划分与归类的问题，而在社会科学中，这个问题更为复杂一些。我们在语文教学中也经常遇到文体分类和某一篇具体课文的归类问题。例如有些夹议夹叙的文章，究竟归于议论文还是记叙文？颇费踌躇。学一点关于划分与归类的逻辑知识，对解决这一类难题将不无裨益。

第四章　演绎推理

第一节　命题与语句

推理就是从一些已知的命题（前提）推出一个新命题（结论）的过程。因为推理是由命题组成的，所以，要分析推理形式，首先要分析命题形式。

人总是用一句句话来表达一个完整思想的。例如：“我要喝水！”“这座山多高啊！”单用一个词很难完整地表达思想。如果说一个“水”，别人可以有各种各样的理解，例如“他要喝水”“给你水喝”“这里有水”“快拿水来”“这里缺水”等等。在某种语境中一个词也可以表达一个完整的思想。例如突然出现了火灾，可以大喊：“火！”如果脱离这个语境，就很难掌握一个“火”字表达什么意思。

语句都表达一个完整的思想，但并非所有的语句都表达命题。命题是具有真假值的语句。所谓真假值，就是说这个语句或者是真的，或者是假的。[①]例如，说“北京是中国的首都”，这是一个真语句。说“巴黎是英国的首都”，这就是一个假语句。有的语句一时难以确定其真假，如“在地球以外的其他天体上也有人类存在”，但这句话总归是有真假的。一般说来，语法上所说的陈述句都有真假，因此，都表达命题。另外，有些语句本身无所谓真假，如疑问句、感叹句、祈使句，像下面这样的语句：

例1.你孩子上学了吗?

例2.我们的祖国多么伟大啊!

例3.禁止吸烟!

很难说哪句话真，哪句话假，它们不表达命题。但是深入分析一下，这几个语句都包含一定的预设，这预设有真假，是命题。如第一句话预设“你有孩子，而且孩子到了上学

① 一般逻辑教材都将“命题”称为“判断”，但“判断”一词具有多种含义，它可以表示“依据已有知识推出结论”这样一种思维活动，如“根据收集到的情况我们进行判断”，这时“判断”用作动词，它的意思跟“推理”相同；它也可以表示这种思维活动的结果，即得出一个作为推理结论的语句，如“我们做出一个判断”，这时“判断”用作名词。逻辑上往往将有所陈述的、具有真假值的语句都叫“判断”，为了将这几种含义区别开来，我们不用“判断”而用“命题”来表示所有有所陈述、有真假值的语句。

的年龄”；第二句话预设“我们的祖国很伟大”；第三句话预设“此地有易燃物品，烟有火，可能引起燃烧，有人会到此吸烟，等等”。而第三句话本身也可以表述成这样的形式：“这里是禁止吸烟的”，这就表达了命题。

陈述句都表达命题，但陈述句与命题之间也有一点区别。语句都是以某种自然语言表达出来的，总具有某种民族性。例如：

例4.汉语说：北京是中国的首都。

例5.英语说：Beijing is the capital of China.

命题是这些语句所表达的那种共同的东西。但是，当我们不考虑这种自然语言的民族特点时，我们就将那些具有真假值的语句称为命题。例如，我们说：“北京是中国的首都。”这是一个语句，也是一个命题。

命题可以分为简单命题和复合命题两类。

简单命题是不包含其他命题作为其组成部分的命题。例如：

例6.珠穆朗玛峰是世界上最高的山峰。

例7.世界上所有的事物都包含矛盾。

例8.沙漠是人类最顽强的自然敌人之一。

这些命题内部再要分的话只能分成词或词组，而不能再分成命题。“珠穆朗玛峰”是一个专有名词，“世界上最高的山峰”是一个词组，“沙漠”是一个词，“最顽强的自然敌人之一”是一个词组。

复合命题是包含其他命题作为其组成部分的命题。例如：

例9.我们不仅要努力提高每一个社会成员的精神境界，而且要在全社会建立和发展体现社会主义精神文明的新型社会关系。

例10.假如陆地上的冰全部融化，那么世界大洋水平面就要上升66.3米。

例11.每天清晨都有许多人在公园里或者跑步，或者打拳，或者做操。

这几个命题我们都可以加以分解，分解后的部分仍然是一个命题。例如例9可以分解成两个组成部分，一是“我们要努力提高每一个社会成员的精神境界”，二是“我们要在全社会建立和发展体现社会主义精神文明的新型社会关系”。这两个部分分解后都能独立成句，也就是独立成一个命题，两个部分用“不仅……而且”联结起来，成为一个复合命题。例10也可以分解成两个独立的语句（命题），即“陆地上的冰全部融化”“世界大洋水平面要上升66.3米”。两部分用“假如……那么……”联结成一个复合命题。例11可以分解成三个独立的语句（命题），即“每天清晨都有许多人在公园里跑步”“每天清晨都有许多人在公园里打拳”“每天清晨都有许多人在公园里做操”。它们用“或者……或者……或者”联结成一个复合命题。

第二节　直言命题

简单命题有几种形式，在这本书里，我们只分析一种最常用的形式，即直言命题。所谓直言命题，就是陈述对象具有或不具有某种性质的命题，因此，直言命题也叫作性质命题。例如我们在第一章第一节中所分析的几个语句，如“紫外线是电磁波”“鹿是偶蹄动物”等都是直言命题，它们都具有“S是P”这样的形式。S表示陈述的对象，例如上面所说的“紫外线”“鹿”，它称为命题的主项（以拉丁文“主项”Subje-ctum的第一个字母S表示）；P表示陈述的对象具有或不具有的某种性质，例如上面所说的“电磁波”“偶蹄动物”，它称为命题的谓项（以拉丁文“谓项”Predicatum的第一个字母P来表示）。一个直言命题必须具有主项和谓项，如果缺少主项和谓项，或者主项和谓项不明确，这个语句就很难使人理解，甚至可以说它不成其为命题。例如：

> 此棉花糖是采用鲜猕猴桃加工制成，糖里面的黑点是猕猴桃籽，可食，深受国内外欢迎。

这个语句中最后一句“深受国内外欢迎”，主项就不太明确，按语义分析应该是“此棉花糖深受国内外欢迎”，但从语法上分析应是“糖里面的黑点深受国内外欢迎”。这就说明作者写这句话时对陈述的对象究竟是什么有些不太明确，或者说表述得不明确。又如：

> 小学生“大头宝”淘气出了名，学习可不行。他爸爸在工厂里忙着搞设计，妈妈又去外地学习，自由自在很快活。

谁“自由自在很快活”？似乎是“大头宝”的爸爸和妈妈，又似乎是“大头宝”自己。这也是一种主项不明的现象。又如：

> 手术台前，主刀的是一位身材不高，瘦削的方脸盘，高鼻梁上架着一副眼镜，两道竖起的长眉

下，敏锐的目光凝注在手术切口上。

“主刀的应该是一个人”，但语句中却成了“一位身材不高，瘦削的方脸盘，高鼻梁上架着一副眼镜，两道竖起的长眉下，敏锐的目光凝注在手术切口上”，既不说明是一个人，也不说明是什么东西，这就是谓项不明的现象。

通过上述例子看出，命题要有一个明确的主项和谓项，这本来是一个很简单的要求，但当语句表达得稍微复杂一点、长一点的时候，也可能出现缺主项、谓项，或主项、谓项不明的现象。

命题中还有一个很重要的成分，叫联项，它一般是用“是”或“不是”来表示。“是”表示S具有P这样一种性质，“不是”表示S不具有P这样一种性质。用“是”作联项的命题叫肯定命题，用“不是”作联项的命题叫否定命题。例如，“鹿是偶蹄动物”就是肯命定题，“蜘蛛不是昆虫”就是否定命题。在自然语言中，“是”字有时可以省略，例如一般很少说“这孩子是聪明的”，而是表述为“这孩子真聪明”。

运用联项照理讲一般不会出错，但在多重否定的情况下也可能出错。如：

每年端午节，爷爷都要给我们讲这个故事，为的是不让我们后一代不要忘记屈原的精神。

这句话原来是想说“让我们不要忘记屈原的精神”或“不让我们忘记屈原的精神”。但是这里把“不让”和“不要”放在一起，双重否定变成了肯定，这种表达与原意正好相反。又如：

她无时无刻都在关心这群孤儿的成长。

这句话是想用双重否定表达肯定的意思，但“无时无刻”只表示一个否定，它只有与“不”结合起来，成为“她无时无刻不在……”才表示肯定的意思，所以，上述表达式同原话的意思也正相反。这句话可以干脆用肯定的形式表达：即“她每时每刻都在……”来表述。

除了主项、谓项、联项之外，直言命题中还有一个成分，叫量项，它的作用在于表示主项外延的数量。对命题主项的全部外延有所陈述的叫全称量项，一般用“所有”“任何”“一切”“每（个）”“凡”来表示，如“所有的恒星都自身发光”。在自然语言中，全称量项有时可以省略，如“恒星自身发光”。对命题主项虽有所陈述，但没有对它的全部外延有所陈述的叫“特称量项”，一般用“有的”“有些”或“有”来表示，如“有的蜘蛛不会做网”。

逻辑中表示全称量项最典型的语词形式应该是“所有”，因为在用“任何”“一切”“每（个）”“凡”的地方，一般都可以用“所有”来代替，但用“所有”的地方不见得都能用其他代替。在汉语中，在省略全称量项时往往用副词“都”来表示全称，例如说“金属都导电”，实际上是说“所有金属都导电”。

表示特称量项最典型的语词形式应该是“有的”，因为“有的”表示至少有一个或一个以上的意思，“有些”则表示至少有两个或两个以上的意思。用“有些”的地方一般都能用“有的”来代替。但用“有的”的地方不见得都能用“有些”来代替。例如臧克家曾写过一首诗，题名《有的人》，是纪念鲁迅的。诗是这样的：

有的人活着
他已经死了；
有的人死了
他还活着。

有的人
骑在人民头上："呵，我多伟大！"
有的人
俯下身子给人民当牛马。

有的人
把名字刻入石头想"不朽"；
有的人
情愿作野草，等着地下的火烧。
……

这里多次使用了"有的人"。在这首诗中有的地方似乎可以将"有的人"换成"有些人"，但在有的地方却不行，例如在每一节中的后一个"有的人"，在诗人心中是有所指的，那就是鲁迅，显然，在这里不能用"有些人"来代替。

"有"这个动词用作逻辑上的量项主要在于强调存在。把"有"加在"S是P"之前，在句式上跟"有的S是P"这种主谓式有很大的不同。"有S是P"在汉语中叫兼语式，它由动宾式"有S"与主谓式"S是P"结合而成，全句的主语省略了。说"有人是自学成才的"，实际上是说："存在这样的人，这种人是自学成才的。”这种句式在自然语言中出现的频率比“有的S是P”句式要少。当然也可以将“有人”就解释为“有的人”，这时“有”不看作动词，而看作“有的”的省略式，这种句式也就跟主谓式语句“有的人是自学成才的”没有区别。从上述分析看出，逻辑中表示特称量项最典型的语词形式应该是“有的”。

命题中的量项也要求表达准确。如鲁迅在1934年写《中国人失掉自信力了吗?》一文时，就特别强调命题量项运用的准确性。鲁迅指出，在帝国主义者向中国大举侵略的严重时刻，“有人慨叹曰：中国人失掉自信力了。”其实就那些反动统治者来说，自信力早就失掉了的。但同时，“我们有并不失掉自信力的中国人在。”“他们有确信，不自欺；他们在前仆后继的战斗，不过一面总在被摧残，被抹杀，消灭于黑暗中，不能为大家所知道罢了。”这是对为国家进行艰苦卓绝的努力的志士仁人的衷心赞扬和讴歌。因此鲁迅说：“说中国人失掉了自信力，用以指一部分人则可，倘若加于全体，那简直是诬蔑。”这就是说，“中国人失掉了自信力”这一命题，如果在主项“中国人”前面加上量项“一部分”（或“有些”）成为特称命题，那是符合实际的，如果说“全体中国人都失掉了自信力”即称为全称命题，那是对中国人的诬蔑。

将联项与量项结合起来作为划分的根据，直言命题可以分为以下四种：

第一，全称肯定命题，简称为A命题。如“所有事物都是对立统一的”，其结构是：所有S都是P。

第二，全称否定命题，简称为E命题。如“所有侵略战争都不是正义战争”，其结构是：所有S都不是P。

第三，特称肯定命题，简称为I命题。如“有的水生动物是哺乳动物”，其结构是：有的S是P。

第四，特称否定命题，简称为O命题。如“有的鸟不会飞”，其结构是：有的S不是P。

有些命题的主项是专有名词，指称一个单独对象，一般就做全称命题处理。

命题中的词项（指主项或谓项）还存在一个周延不周延的问题。所谓周延，就是命题对一个词项的全部外延有所陈述，所谓不周延，就是命题没有对一个词项的全部外延有所陈述。这样，全称命题的主项周延，特称命题的主项不周延。肯定命题的谓项不周延，否定命题的谓项周延。全称、特称的情况好理解。肯定命题的情况可以从下面的例子看出：“牛是反刍动物”，这个命题陈述了“牛”的外延全部包括在“反刍动物”的外延之中，但对“反刍动物”的外延却没有给予全部陈述，它只陈述了“反刍动物”的外延中有一部分与“牛”的外延相重合，而另外一部分情况却未予陈述，所以说肯定命题的谓项不周延。否定命题如“马不是反刍动物”，它陈述了“马”的外延全部排斥在“反刍动物”的外延之外，相应地也陈述了“反刍动物”的外延全部排斥在“马”的外延之外，这就是说对“反刍动物”的全部外延有所陈述，所以说否定命题的谓项周延。用外延图来表示上述两个例子的周延情况（阴影部分表示命题对一个词项的外延陈述了的部分）：

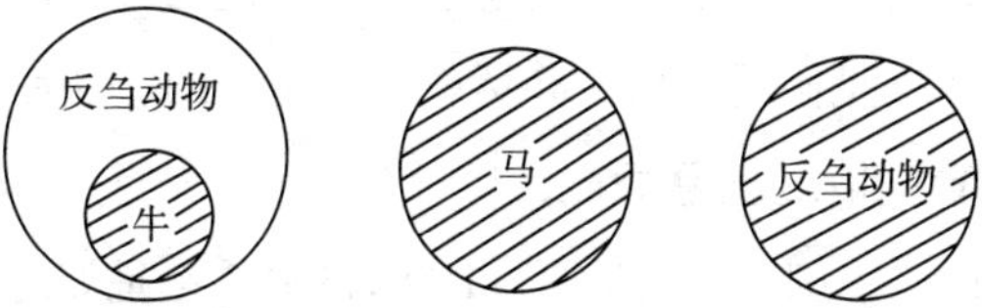

将上述情况综合起来，就是：

命题类项	主 项	谓 项
全称肯定命题（A）	周 延	不周延
全称否定命题（E）	周 延	周 延
特称肯定命题（I）	不周延	不周延
特称否定命题（O）	不周延	周 延

前面已经讲了命题是具有真假值的语句，一个命题或者是真的，或者是假的。在不改变一个直言命题的词项（主项、谓项）的基础上，我们发现由于联词与量词的不

同，四种类型的直言命题之间具有一定的真假对应关系。其中特别重要的有两种关系，一个是矛盾关系，一个是反对关系。

矛盾关系是指A与O，E与I之间的关系。说A与O具有矛盾关系是指A真则O假，A假则O真，反过来O真则A假，O假则A真。例如某个班“所有学生都学过英语”（A）与这个班“有的学生没有学过英语”（O），这两个命题就具有矛盾关系。如果“所有学生都学过英语”这句话是真的，则“有的学生没有学过英语”这句话一定假。前一句话如果是假的，后一句话就一定是真的。从后一句话出发来看，情况也是如此，后一句话真，则前一句话假，后一句话假，则前一句话真。E和I的关系也是如此，这里不再举例了。

反对关系是指A与E之间的关系。从A出发来看，A是真的，E就是假的，A是假的，则E可能真也可能假。例如，某个班“所有学生都学过英语”（A）与“所有学生都没有学过英语”（E），从前一句话出发，如果前一句话是真的，则后一句话一定是假的，但如果前一句话是假的，就很难断定后一句的真假，因为它可能真，也可能假，即可能是全班学生都没有学过英语，也可能部分学过，部分没有学过。反过来，从E出发来看A也是一样，E真则A

假，E假则A可能真也可能假。

我们用一个方阵图形来表示矛盾关系与反对关系：

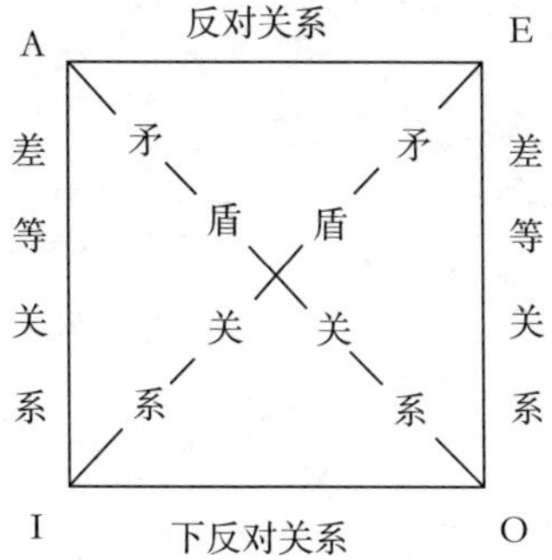

至于图上所列差等关系与下反对关系，可以从矛盾关系与反对关系推出来。例如，假定已知A真，求I的真假值。根据反对关系，A真则E假；根据矛盾关系，E假则I真；所以，A真则I真。又假定已知I假，求A的真假值。根据矛盾关系，I假则E真；根据反对关系，E真则A假；所以，I假则A假。其余的读者可以自己去推，这里不赘述。

根据矛盾关系，我们可以对四种直言命题进行“否定”的逻辑推演。否定，就是改变一个命题的真假值。否定一个真命题，就推出一个假命题，否定一个假命题，就推出一个真命题。由于A与O，E与I的真假值正好相反，所以，否定A就推出O，否定O就推出A，否定E就推出I，否定I就推出E。例如，“所有的鸟都会飞”（A）（这是一个假命题），对它进行否定，就推出“有的鸟不会飞”（O）（这是一个真命题）。

第三节　直言三段论

在第一章第一节中，我们讲到了演绎推理与归纳推理的区别。所谓演绎推理，就是说一个论证式如果前提是真的，就可以保证其结论也是真的，而如果断定了前提的真实性而否定结论的真实性，就会出现矛盾。演绎推理的前提的真实性极其充分地保证了结论的真实性。演绎推理的另一个特征是它的结论的知识总是在前提的知识范围之内。

演绎推理中最常见的一种是直言三段论。“三段论”一词是由古希腊语Sullogismos（以拉丁字母写出）演变而来，原来是结合前提而推出结论的意思。直言三段论是指由两个前提与一个结论所组成的演绎推理，前提与结论都是直言命题，三个命题中只包含三个词项，每个词项都必须出现两次，而且要在两个不同的命题中出现。

一 直言三段论的形式和作用

下面就是一个直言三段论的例子：

例1.所有金属都是导电体，（大前提）

水银是金属，（小前提）

所以，水银是导电体。（结 论）

我们分析上述实例，它是由三个命题所组成，前两个命题是前提，后一个命题是结论。三个命题中，共使用了三个词项，那就是“水银”“金属”与“导电体”。有两个词项（“水银”“导电体”）在前提和结论中各出现一次，另外一个词项（“金属”）在前提中出现两次，在结论中不出现。我们将这个在前提中出现两次的词项叫中项（以M表示），将结论中的主项叫小项（以S表示），将结论中的谓项叫大项（以P表示）。这样上述实例就具有如下结构（我们暂时不考虑联词与量词的问题）：

M —— P （大前提）

S —— M （小前提）

所以，S —— P （结 论）

从这里可以看到，大前提中包括中项（M）和大项（P），小前提中包括小项（S）和中项（M），结论中包括小项（S）和大项（P）。中项在两个前提中起到了联结小项和大项的作用。直言三段论最重要的特征就在于它通过中项使小项和大项产生某种联系，从而推出结论。

由上述结构，我们也可看出第一个前提之所以叫大前提，是由于其中包含有大项，第二个前提之所以叫小前提是由于其中包含小项。

由于中项在两个前提中位置不同，直言三段论可以分成四个格（格就是三段论的形式）。上面这一种形式称为第一格。第一格比较典型地表达了三段论推理的特点，所以又称为典型格。

第一格使用得最多，其主要作用在于根据普遍性原理证明一个特殊性命题的正确性。像上面那个例子，就是根据“所有金属都是导电体”这一个普遍性原理来证明“水银是导电体”这一特殊性命题的正确性。

第一格在司法工作中经常得到运用。莎士比亚的剧本《威尼斯商人》中有这么一段。当剧情经过波澜起伏的发展之后，威尼斯的犹太商人夏洛克败诉了。夏洛克最后要求：“好，那么魔鬼保佑他去享用吧！我不打这场官司了。”这时，那位女扮男装的年轻律师鲍西亚说了下面一段话：

等一等，犹太人，法律上还有一点牵涉你。威尼斯的法律规定：凡是一个异邦人企图用直接或间接手段，谋害任何公民，查明确有实据者，他的财产的半数应当归受害的一方所有，其余的半数没入公库，犯罪者的生命悉听公爵处置，他人不得过问。你现在刚巧陷入这个法网，因为根据事实的发展，已经足以证明你确有运用直接或间接手段，危害被告生命的企图，所以，你已经遭逢着我刚才所说起的那种危险了。快快跪下来，请公爵开恩吧。

这里就运用了直言三段论的第一格，从“凡是一个异邦人”起，到“他人不得过问”是大前提。“你现在……危害被告生命的企图”是小前提。“所以”之后是结论。虽然语句较长，但它的主要内容还是很简明的：

凡是谋害他人生命者应判罪，

你是在谋害他人生命，

所以，你应判罪。

法律上的判决词一般都采用这种推理形式。

直言三段论还有第二格。第二格的形式是：

P —— M （大前提）

S —— M （小前提）

S —— P （结　论）

例2.所有的鱼都是卵生动物，（大前提）

鲸不是卵生动物，　　　　　　　　（小前提）

所以，鲸不是鱼。　　　　　　　　（结　论）

第二格的结论是一个否定命题。这个格的作用，主要将一类事物与另一类事物做出区别，如上述就是要将鲸和鱼区别开来，所以第二格也叫作区别格。

在科学中有时运用第二格来反驳某个肯定命题。

例如，1911年，在英国南部苏塞克郡的辟尔唐公地附近的砾石层中，发现了一些人类头骨的化石碎片和半个下颌骨，这半个下颌骨不像是人的下颌骨，而像是猿的下颌骨。有的古生物学家认为这些“人化石”具有“半猿半人”的特征，它是具有相当发达的大脑和落后的下颌骨的一个早期类人动物。有人将它命名为“辟尔唐人”（或称“陶逊曙人”，陶逊是这些化石的发现者）。但是其他人类学家对此表示怀疑。他们认为：在人类进化过程中，一切其他的包含下颌骨的古猿化石，下颌骨的发展与头骨的发展是相适应的，而这个“辟尔唐人”却出现下颌骨的发展与头骨的发展不相适应的情况，他们由此推出：这个“辟尔唐人”不是人类发展过程中古猿的头骨与下颌骨。后来经过深入调查，发现所谓“辟尔唐人”完全是个骗局。头骨是620年前的一个人的头骨，下颌骨是约500年前一只现代猿的，是预先埋进挖掘现场的。科学家们就是运用直言三段论第二格来揭露这一骗局的：

在人类进化过程中，古猿化石下颌骨的发展与头骨的发展是相适应的，（大前提）

这块下颌骨与这块头骨的发展不相适应，（小前提）

所以这块头骨与这块下颌骨不是人类进化过程中某个古猿的头骨与下颌骨。（结　论）

这个结论是一个否定命题，它正好反驳了那个所谓"它是具有相当发达的大脑和落后的下颌骨的一个早期类人动物"这个伪科学的肯定命题。

直言三段论还有第三格。第三格的形式是：

M ── P（大前提）

M ── S（小前提）

所以，S ── P（结　论）

例3. 鲸是哺乳动物，（大前提）

鲸是水生动物，（小前提）

所以，有些水生动物是哺乳动物。（结　论）

第三格的结论总是特称命题。这个格的主要作用在于反驳全称命题。假如有人说，所有的水生动物都不是哺乳动物，我们就可以用上述三段论式去反驳它。因为这个结论跟对方的命题正好处于一种矛盾关系，这个结论真，就必然推出对方的命题是假。

直言三段论第四格具有下述形式：

P —— M　　（大前提）
M —— S　　（小前提）

所以，S —— P　　（结　论）

因为第四格在实际运用中的作用不大，所以对这一格就不详细叙述了。

二　直言三段论的规则

为了确保直言三段论式的正确有效，即从真实的前提必然推出真实的结论，运用三段论时必须遵守下述三条规则：

1.中项（M）在前提中至少要周延一次。前面已经讲到，所谓周延，就是命题对其中一个词项的全部外延有所陈述。由于中项在前提中是起到将小项与大项产生某种联系的作用，因此，要求中项在前提中至少要周延一次，这样才能使人了解到小项与大项究竟是包含在中项的外延之中或排斥在中项的外延之外。如果中项一次都不周延，就无法确定这种联系，这样的推理就不具有必然性。违反这条规则就要犯“中项两次不周延”的逻辑错误。我们以两个推理式为例：

例4.所有金属都是导电体，（大前提）

水银是金属，（小前提）

所以，水银是导电体。（结　论）

这个例子中，中项是“金属”，它在大前提中作为全称命题的主项，所以是周延的，而在小前提中是作为肯定命题的谓项，所以是不周延的。中项在前提中周延了一次，合乎推理的规则，这个推理式是正确的，它的前提真实，结论也必然真实。

例5.所有金属都是导电体，（大前提）

石墨是导电体，（小前提）

所以，石墨是金属。（结　论）

这个例子中，中项是“导电体”，它在大小前提中都是作为肯定命题的谓项，所以，两次都不周延。这个推理式没有遵守“中项在前提中至少周延一次”的规则，所以不正确，推理式是无效的。这样的推理不能保证从真实的前提必然推出真实的结论，像这里的结论“石墨是金属”就是不真实的。

2. 在结论中周延的词项在前提中也必须周延。我们也以两个推理式为例：

例 6. 无机物不可燃，　　　（大前提）

金属是无机物，　　　（小前提）

所以，金属不可燃。　（结　论）

这个例子中，结论的谓项“可燃”作为否定命题的谓项是周延的，这个词项在大前提中作为否定命题的谓项，也是周延的。这个推理式遵守了“在结论中周延的词项，在前提中也必须周延”的规则，所以是正确有效的。其前提真实，结论也真实。

例 7. 金属是导体，　　　（大前提）

塑料不是金属，　　　（小前提）

所以，塑料不是导体。（结　论）

这个例子中，结论的谓项“导体”作为否定命题的谓项是周延的，但这个词项在大前提中作为肯定命题的谓项是不周延的，所以推理是无效的。尽管结论真实，但从逻辑来说这并不是一个有效的推理。

3. 否定的前提数必须与否定的结论数相等[①]。这条规则包括三种情况：一个三段论可能没有否定前提（即两个前提都是肯定命题）；可能有一个否定前提（即前提中一个肯定命题，一个否定命题），也可能有两个否定前提（即两个

---

① 否定的前提和否定的结论是指前提和结论是否定命题。如“鲸鱼不是鱼。”

前提都是否定命题)。

当三段论是第一种情况时，否定的前提数等于零，否定的结论数也等于零，结论也是肯定命题。这就是说，肯定的前提不能推出否定的结论。例如，从“所有金属都是导电体”和“水银是金属”这两个肯定前提，绝不能推出“水银不是导电体”这一否定性结论来。

当三段论是第二种情况时，否定的前提数为一，否定的结论数也应为一。这就是说当有一个前提是否定命题时，结论也一定是否定命题。如：

例8. 所有的鱼都是卵生动物，（大前提）

鲸不是卵生动物，（小前提）

所以鲸不是鱼。（结 论）

由一个否定前提绝不能推出一个肯定性结论，即不能推出“鲸是鱼”。

当三段论是第三种情况时，否定的前提数为二，两个前提都是否定命题，否定的结论数也应该为二，应该推出两个否定结论来。但由于三段论只能有一个结论，这就无法实现否定的前提数必须与否定的结论数相等的规则要求。这就是说，由两个否定前提无法推出结论，这种推理式是无效的。

就以下述推理为例：

例 9. 所有的机会主义者都不是马克思主义者，
（大前提）
所有的马赫主义者都不是马克思主义者，（小前提）
———————————————
所以　　？　　（结　论）

三　直言三段论在语言中的具体运用

在语言表达形式中，直言三段论往往省略一个前提或者保留两个前提而省略一个结论。这有助于语言的生动与简练。如果在语言表达中将一个个三段论式完全按照它规范的形式陈述出来，像列数学算式一样，这样的文章将是十分呆板、十分啰嗦的。读者读起来看起来将会感到难以忍受。

语言表达时，对直言三段论的某些部分进行省略，必须符合两点要求：一是省略的部分是不说自明的；二是将省略的部分补充之后，这个三段论式完全符合直言三段论的规则要求。

例如，《语言的演变》中有这么一句话：

世界上万事万物永远都在那儿运动、变化、发展，语言也是这样。

这就是一个直言三段论的省略式，恢复起来是这样的：

例10. 世界上万事万物永远都在那儿运动、变化、发展，（大前提）

语言是一种事物，（小前提）

所以语言也是永远在那儿运动、变化、发展。（结　论）

有时，一段话中包含了好几个直言三段论的省略式。例如马克思在《资本论》第一卷第一版的序中说：

> 万事开头难。每门科学都是如此。所以本书第一章，特别是分析商品的部分，是最难理解的。

这里包含两个直言三段论，每个三段论都省略了小前提，补充起来应该是这样：

例11. 万事开头难，（大前提）

每门科学的开头都是一种事的开头，（小前提）

所以一门科学的开头总是困难的。（结　论）

例12. 每门科学的开头总是困难的，（大前提）

《资本论》第一章，特别是包含商品分析的那一节是一门科学的开头，（小前提）

所以《资本论》第一章，特别是包含商品分析的那一节是最难理解的（即困难的）。（结　论）

通过补充，我们可以看出，这两个三段论完全符合三段论的规则要求，它们是正确的推理式。如果将两个三段论式照补充后的形式叙述出来，将会何其呆板与啰唆，而马克思的叙述，却非常简练、明确。

有时一个三段论式隐藏在语段之中，由于语句的错综复杂，会使人们不易发现它，这就要求我们具有较高的逻辑分析能力，找出语段与语段之间的内在的逻辑联系。

例如，恩格斯《在马克思墓前的讲话》中的两段话：

> 因为马克思首先是一个革命家。他毕生的真正使命，就是以这种或那种方式参加推翻资本主义社会及其所建立的国家设施的事业，参加现代无产阶级的解放事业，正是他第一次使现代无产阶级意识到自身地位和需要，意识到自身解放的条件。斗争是他的生命要素。很少有人像他那样满腔热情、坚忍不拔和卓有成效地进行斗争。最早的《莱茵报》（1842年），巴黎的《前进报》（1844年），《德意志—布鲁塞尔报》（1847年），《新莱茵报》（1848—1849年），《纽约每日论坛报》（1852—1861年），以及许多富有战斗性的小册子，在巴黎、布鲁塞尔和伦敦各组织中的工作，最后，作为

全部活动的顶峰，创立伟大的国际工人协会——老实说，协会的这位创始人即使没有别的什么建树，单凭这一成果也可以自豪。

正因为这样，所以马克思是当代最遭嫉恨和最受诬蔑的人。各国政府——无论专制政府或共和政府，都驱逐他；资产者——无论保守派或极端民主派，都竞相诽谤他，诅咒他。他对这一切毫不在意，把它们当作蛛丝一样轻轻拂去，只是在万不得已时才给予回敬。现在他逝世了，在整个欧洲和美洲，从西伯利亚矿井到加利福尼亚，千百万革命战友无不对他表示尊敬、爱戴和悼念，而我敢大胆地说：他可能有过许多敌人，但未必有一个私敌。

遇到这样复杂的语段，一般容易注意各个语句之间的逻辑联系，而忽视语段之间的逻辑联系。例如，一般容易看到第一段。从“以这种或那种方式……”到“单凭这一成果也可以自豪”，是举出事例说明“马克思首先是一个革命家”。第二段从“各国政府”到“诅咒他”，是举出事例说明“马克思是当代最遭嫉恨和最受诬蔑的人”。但是一般容易忽视第一段与第二段之间存在直言三段论的推理关系，而且这个三段论省略了一个大前提。这个三段论恢复起来应是这样：

例15. 革命家是最遭嫉恨和最受诬蔑的人，　（大前提）

马克思首先是一个革命家，　（小前提）

所以马克思是（当代）最遭嫉恨和最受诬蔑的人。　（结　论）

我们只有找出了语段之间内在的推理关系，才能讲清一篇文章的篇章结构。

要使三段论的结论真实可靠，一是要求前提一定真实，二是要求形式一定正确，即完全符合推理形式和规则的要求。如果做不到这一点，推出的结论就不可靠。

小学语文教材有《两小儿辩日》一文。

孔子东游，见两小儿辩斗。问其故。

一儿曰："我以日始出时去人近，而日中时远也。"

一儿以日初远，而日中时近也。

一儿曰："日初出大如车盖，及日中则如盘盂，此不为远者小而近者大乎？"

一儿曰："日初出沧沧凉凉，及其日中如探汤，此不为近者热而远者凉乎？"

孔子不能决也。

两小儿笑曰："孰为汝多知乎？"

这两小儿各使用了两个直言三段论式，恢复起来如下：

例16. 近者大，	远者小，
日初出大如车盖，	日中则如盘盂（日中小），
———————————	———————————
故：日始出时去人近。	故：日中时远也。

例17. 近者热，	远者凉，
日中如探汤（日中热），	日初出沧沧凉凉（日初凉），
———————————	———————————
故：日中时近也。	故：日初远。

从上式看出，不管是甲小儿还是乙小儿，都犯了相同的逻辑错误，当然这种逻辑错误就当时的科学水平来说是难以避免的。他们第一个错误在于大前提所说的普遍原理只适用于日常生活而不适用于宇宙现象，而小前提则纯属个人的主观感觉，这对判定像太阳这样的天体来说是很不充分的，所以四个三段论式中所用的前提都是似是而非的。第二个错误在于四个三段论式都用了第二格，而每个前提都是肯定命题，中项在前提中两次都不周延，违反了三段论第一条规则的要求，因此这种推理形式是无效的。甲小儿与乙小儿各执一词，表面上对立，实际上都是片面的，而孔子的科学知识水平与推理水平跟这两个小儿差不多，所以“不能决也”。

第四节　复合命题

前面讲到，命题可以分为简单命题和复合命题。

复合命题是包含其他命题作为其组成部分的命题。组成复合命题的简单命题叫作肢命题，复合命题就是由这些肢命题借助于逻辑联结词组合而成的。复合命题不仅反映了思维对象的属性，而且反映了对象之间的关系。在语言上复合命题主要表现为复句。

复合命题主要有三种，联言命题、选言命题和假言命题。

一　联言命题

联言命题是由两个以上的简单命题（肢命题）借助逻辑联结词“并且”结合而成的复合命题。它反映两个以上的思维对象具有并存的关系。如：“张三工作很积极，并且学习也很勤奋”。

联言命题的结构是：p并且q。（这里p与q都代表一个肢命题，这些肢命题可以是A、E、I、O四种命题中的任一种。）

命题都是具有真假值的语句，简单命题的真假由实践来检验，复合命题的真假则由组成它的肢命题（简单命题）的真假以及逻辑联结词的性质所决定。联言命题的真假则由组成它的肢命题的真假以及逻辑联结词“并且”的性质所决定。逻辑联结词“并且”是要求它所联结的肢命题都真时，这个联言命题才是真的，只要有肢命题是假的，这个联言命题就是假的。

下面用真值表的形式来表示联言命题的真假值的情况（t代表真，f代表假）：

p	q	p并且q
t	t	t
t	f	f
f	t	f
f	f	f

例如，上面举的例子，如果张三确实工作很积极，同时学习也很勤奋，那么这个联言命题就是真命题。如果张三只是工作积极，但学习不勤奋，或者只是学习勤奋，但

工作并不积极，或者工作既不积极，学习也不勤奋，那么，整个联言命题就是假的。

再如，“地球上存在生物，并且火星上也存在生物”，这个联言命题是假的。因为虽然“地球上存在生物”这个肢命题是真的，但“火星上也存在生物”这个肢命题却是假的。

又如，“中国矿产资源贫乏，并且缺少生物资源”，这个联言命题显然是假的。因为两个肢命题都是假的，中国不仅有丰富的矿产资源，而且有丰富多样的生物资源。

在汉语中，表示联言命题的逻辑联结词除了“并且”以外，还有“和”“也”“同时”“不但……而且……”“虽然……但是……”“既……又……”“一方面………另一方面……”“然而”“可是”“但是”等等。有时，肢命题之间不用逻辑联结词，也可以表示它们之间的并存关系，这在修辞上叫“意合法”。

下面几例都是联言命题：

例1.李老是教授，也是诗人。

例2.哥白尼的地动学说，不仅推动了天文学的革命，而且带来了各门科学向前发展的新时代。

例3.虽然我一见便知道是闰土，但又不是我记忆上的闰土了。（鲁迅《故乡》）

例4. 树木丛生，百草丰茂。秋风萧瑟，洪波涌起。（曹操《观沧海》）

例5. 先天下之忧而忧，后天下之乐而乐。（范仲淹《岳阳楼记》）

上述例子中的逻辑联结词的语词表现形式是不同的，但从它们所表达的逻辑意义来说是相同的，即都表达肢命题之间的并存关系。它们所表达的语法意义却有区别，甚至有很大的区别。如“不但……而且……”表示分句之间的递进关系，“虽然……但是……”表示分句之间的转折关系，“也”表示分句之间的并列关系。具有并列关系和递进关系的复句属联合复句，具有转折关系的复句属偏正复句。从逻辑上分析，只要求它们的肢命题同时真就行了，而从语法上分析，则要注意它们之间语法意义上的区别。从逻辑上讲，肢命题交换位置并不影响整个联言命题的真假值，“p并且q”与“q并且p”意义上是一样的，真假值是一样的。但是语法上分句一般并不允许随意交换位置，“他躺在床上，并且死了”与“他死了，并且躺在床上”意义显然不同；“他们结了婚，并且生了一个孩子”与“他们生了一个孩子，并且结了婚”意义也显然不同。这些都是我们在进行逻辑分析时要注意的。

二　选言命题

选言命题是由两个以上的肢命题借助逻辑联结词“或者”结合而成的复合命题，它反映思维对象具有几种选择的可能性。前面我们举过这样的例子：“每天清晨都有许多人在公园里或者跑步，或者做操”。这就是一个选言命题。

选言命题分为相容选言命题和不相容选言命题。

相容选言命题的结构是：p或者q。

选言命题的肢命题（或称“选言肢”）之间可能是相容的，可能是不相容的。所谓相容的选言命题是指选言肢所表达的情况可以分别存在，也可以同时存在。例如上面所说的例子可以是这些人在跑步，那些人在做操，也可能有一部分人既跑步又做操。这种相容的选言命题只要它有一个肢命题是真的，它就是真的；有两个以上的肢命题是真的，它仍是真的；只有当没有一个肢命题为真，即既无人跑步，也无人做操时，它才是假的。相容的选言命题的真值表表述如下：

p	q	p或者q
t	t	t
t	f	t
f	t	t
f	f	f

不相容选言命题的结构是：要么p，要么q。

所谓不相容的选言命题是指选言肢所表达的情况只能分别存在，不能同时存在，即p真时，q就不能同时真；q真时，p就不能同时真。例如，“武松要么把老虎打死，要么被老虎吃掉”，如果武松被老虎吃掉了（即“武松被老虎吃掉”为真），他就不能同时把老虎打死（即“武松把老虎打死”为假）；如果武松把老虎打死了（即“武松把老虎打死为真），他就不能同时被老虎吃掉（即“武松被老虎吃掉”为假）。

不相容的选言命题的真值表表述如下：

p	q	要么p，要么q
t	t	f
t	f	t
f	t	t
f	f	f

在汉语中，表示选言命题的逻辑联结词除了“或者”以外，还有“要么……要么……”“不是……就是……”，有时还可用“否则”。不过这些联结词多用于表示不相容的选言命题。有时为了强调选言肢的不相容性，在句尾还加上“二者必居其一”这样的话。选言命题也可以用选择疑

问句的形式来表示。

下面几例都是选言命题：

例6.女人臂弯里勾着篮子，或者一手牵着小孩。（叶圣陶《多收了三五斗》）

例7.要么我们把困难克服掉，要么我们为困难所吓倒。

例8.不是鱼死，就是网破。

例9.成绩不及格者必须补考，否则留级。

例10.今天晚上我或者听音乐，或者下围棋。

例11.用同志们的话来说，就是，努力于提高呢，还是努力于普及呢？（毛泽东《毛泽东选集》）

例12.或命巾车，或棹孤舟。（陶潜《归去来兮辞》）

三 假言命题

假言命题是由两个肢命题借助逻辑联结词“如果……那么……”或“只有……才……”结合而成的复合命题。它反映对象之间的条件关系。例如“如果武松不把老虎打死，他就要被老虎吃掉”，这个假言命题就反映了“武松不把老虎打死”是“武松要被老虎吃掉”的条件，而“武松要被老虎吃掉”是由“武松不把老虎打死”这一条件所产生的结果。假言命题也叫条件命题。假言命题中表示条件的肢命题叫前件，表示结果的肢命题叫后件。上例中“武松不把老虎打死”就叫前件，“武松要被老虎吃掉”就叫后件。

假言命题的前件作为后件的条件有三种情况：一种是充分条件，一种是必要条件，一种是充分而又必要条件。相应地，假言命题分为三种：充分条件假言命题，必要条件假言命题，充分必要条件假言命题。

1. 充分条件假言命题

所谓充分条件是指前一事物的出现必然引起后一事物的出现，前一事物就是产生后一事物的充分条件。例如，“如果某个物体不受外力的作用，那么，这个物体就要保持它原来的静止状态或匀速直线运动不变”。这里“某个物体不受外力作用”是“这个物体保持它原来的静止状态或匀速直线运动不变”的充分条件，有了前者，就一定有后者，也就是说，当前件真时，后件也真。如果前件是后件的充分条件，我们就说是前件蕴涵后件。

充分条件假言命题的结构是：如果p，那么q（p表示前件，q表示后件）。

在自然语言中表示充分条件假言命题的逻辑联结词除了“如果……那么”以外，还有“如果……则”“只要……就”“假使……就”“倘若……则”“要是……便”，有时只用“则”字表示。

充分条件假言命题的真假，决定于前件是不是后件的充分条件。前件是后件的充分条件，整个假言命题就是真的，否则，便是假的。充分条件假言命题只有在一种情况下，即前件真而后件假时，才是假的，其余情况下都是真的。可能出现这种情况：前件与后件都不是真的，但前件是后件的充分条件，这个假言命题仍算真的。例如前面举过的例子，“假如陆地上的冰全部融化，那么世界大洋水面就要上升66.3米”。这个命题前件和后件都不是真实的，但具有前件的条件就一定有后件的结果，所以这个假言命题是真的。

充分条件假言命题的真值表表述如下：

p	q	p蕴涵q
t	t	t
t	f	f
f	t	t
f	f	t

下面都是充分条件假言命题：

例13.倘若要我说说总的印象，我觉得苏州园林是我国各地园林的标本。（叶圣陶《苏州园林》）

例14.谁如果要鉴赏我国的园林，苏州园林就不该错过。（叶圣陶《苏州园林》）

例15.（“左翼”作家）倘不明白革命的实际情形，也容易变成“右翼”。（鲁迅《对于左翼作家联盟的意见》）

例16.假如别人和我一样深刻和持续地思考数学真理，他们会做出同样的发现的。（德国高斯的名言）

例17.世上无难事，只要肯登攀。

例18.学而不思则罔，思而不学则殆。（《论语》）

例19.天下事有难易乎？为之，则难者亦易矣，不为，则易者亦难矣。（彭端淑《为学》）

2.必要条件假言命题

所谓必要条件，就是产生某一结果所必不可少的条件。缺少这个条件，就一定不会出现某一结果。表达必要条件的假言命题叫作必要条件假言命题，如：“只有田里灌溉了充足的水分，水稻才能生长。”

“田里灌溉充足的水分”是“水稻生长”的必要条件，因为田里要是没有足够的水分，水稻就生长不出来。

必要条件假言命题的结构是：只有p，才q。

表示必要条件假言命题的逻辑联结词除了“只有……才”以外，还有“除非……（否则）就不……”“……才……”，有时直接采用否定条件也否定结果的形式来表示，如“不……不……”“没有……没有……”。

必要条件假言命题的真假，决定于前件是不是后件的必要条件。如果是的，整个假言命题就是真的；否则，便是假的。必要条件假言命题只有在一种情况下，即前件假后件真的情况下，才是假的。

我们在研究充分条件与必要条件时，必须注意充分条件与必要条件的区别与内在联系。充分条件不一定是必要条件，必要条件也不一定是充分条件。例如，用火来烧水，是使水温升高的充分条件，但并非必要条件，因为还可以用其他方式使水温升高，如在水中通以电流。再如，水分充足是水稻生长的必要条件，没有水分肯定不能长出水稻，但水分充足不是水稻生长的充分条件，因为还需要加上其他条件如肥料、田间管理等，才能使水稻生长。

不过充分条件与必要条件又有一定的内在联系。前件是后件的充分条件，后件一定是前件的必要条件，因为当前件是后件的充分条件时，否定后件这个事实，也就否定了前件这个事实。这正表现出后件是前件的必要条件的性质。例如："如果物体不受外力的作用，那么，这个物体就要保持原来的静止状态或匀速直线运动不变。"这是一个充分条件假言命题，前件是后件的充分条件。但是一旦否定了后件，即否定了"这个物体保持原来的静止状态或匀速直线运动不变"，也就是说，这个物体的静止状态或匀速直线运动发生了变化，那么，也就否定了前件，就是说，"这个物体受到了外力的作用”。这说明“如果p，那么q”和“不q，就不p”具有相同的真值。

我们将“只有p，才q”称为“p逆蕴涵q”。

必要条件假言命题的真值表可表述如下：

p	q	p逆蕴涵q
t	t	t
t	f	t
f	t	f
f	f	t

下面都是必要条件假言命题：

例20.只有年满18岁，才有选举权。

例21.除非学好数学，否则掌握不了这种计算技术。

例22.根深才能叶茂。

例23.没有调查研究，没有发言权。

例24.只有世界各国人民不断加强了解与合作，世界走向光明和进步才有根本保证。

3.充分必要条件假言命题

所谓充分必要条件，就是说前件既是后件的充分条件，又是必要条件；反之也是一样，后件既是前件的必要条件，又是充分条件。这也就是说，前件真后件也真，前件假后件也假；后件真前件也真，后件假前件也假。例如，月球运动到地球和太阳的中间，就是地球上形成日食的充分必要条件。充分必要条件假言命题的前件与后件具有等值关系，称为“p等值于q”。

充分必要条件假言命题的真值表表述如下：

p	q	p等值于q
t	t	t
t	f	f
f	t	f
f	f	t

在自然语言中很难用一个简练的语句将充分必要条件假言命题表述出来，自然语言中目前还没有一个相应的逻辑联结词。在数学中往往用“当且仅当”来表述。如：

例25.三角形的三边相等，当且仅当它的三角相等。

例26.只要而且只有X大于Y，Y才小于X。

有时用两个假言命题结合起来表达充分必要条件假言命题。如：

例27.人不犯我，我不犯人；人若犯我，我必犯人。

四 复合命题的否定

对简单命题可以进行否定，对复合命题也可以进行否定。对一个简单命题进行否定，推出一个与其相矛盾的简单命题，对一个复合命题进行否定，就推出一个与其相矛盾的复合命题。

例如，对联言命题“p并且q”进行否定，就推出一个与其相矛盾的选言命题“非p或者非q”。如对“张莉复习了数学又复习了外语”这个联言命题进行否定，就推出了“张莉没有复习数学或者没有复习外语”这一选言命题。

对选言命题“p或者q”进行否定，就推出一个与之相矛盾的联言命题“非p并且非q”。如对“张莉复习了数学或者复习了外语”这一选言命题进行否定，就推出“张莉既没有复习数学，也没有复习外语”这一联言命题。

对假言命题“如果p，那么q”进行否定，就推出一个与之相矛盾的联言命题“p并且非q”。如对“如果张莉担任组长，那么这个课外学习小组一定能搞好”这一假言命题进行否定，就推出“张莉担任了组长，但这个课外学习小组并没有搞好”这个联言命题。

对复合命题进行否定，是一种很重要的逻辑推演形式，我们要学会运用。

第五节　选言推理

前面我们已经讲到选言命题，现在就讲一讲选言推理。选言推理是这样一种演绎推理，它的第一个前提是一个选言命题，第二个前提是一个直言命题或联言命题，它肯定或否定第一个前提中的一个或几个选言肢，结论是一个直言命题或联言命题。由于选言命题有两种，所以选言推理也有两种：一种是不相容选言推理，另一种是相容选言推理。我们这里先介绍不相容选言推理。

一　不相容选言推理

不相容选言推理是以不相容选言命题的逻辑意义为依据所进行的推理。不相容选言推理有两种正确的推理式。

1.肯定否定式

肯定否定式要求第一个前提是一个不相容的选言命题，

第二个前提是一个直言命题或联言命题，它肯定第一个前提中的一个选言肢，结论是一个直言命题或联言命题，它否定第一个前提中的其他的选言肢。

肯定否定式的结构是：

p要么q

p

所以非q

例1.这场足球决赛要么甲队获得冠军，要么乙队获得冠军。

甲队获得了冠军。

乙队没有获得冠军。

2.否定肯定式

不相容选言推理的否定肯定式，要求第一个前提是一个不相容的选言命题，第二个前提是一个直言命题或联言命题，它否定第一个前提中的一个选言肢，结论是一个直言命题或联言命题，它肯定第一个前提中的其他的选言肢。

否定肯定式的结构是：

p要么q

非p

所以q

例2.武松要么把老虎打死，要么被老虎吃掉。

武松没有被老虎吃掉。

武松打死了老虎。

二　相容选言推理

相容选言推理是依据相容选言命题的逻辑意义所进行的推理。相容选言推理只有否定肯定式，而没有肯定否定式，因为相容选言命题的肢命题可以同真，不能通过肯定一个否定其他。例如：

例3.一堂课没有上好，或者是由于老师没有讲清楚，或者是由于学生没有注意听。

这堂课没有上好是由于老师没有讲清楚，

所以这堂课没有上好不是由于学生没有注意听。

这个推理不正确，因为相容选言命题的两个选言肢可能同时为真，前提肯定了“老师没有讲清楚”并不能得出“不是学生没有注意听”的结论。

所以，相容选言推理只有否定肯定式这一种正确的推理式。

相容选言推理的否定肯定式，要求第一个前提是一个选言命题，第二个前提是一个直言命题或联言命题，它否定了选言命题中一个或几个选言肢，结论肯定剩下的一个选言肢。它的结构是：

p或者q

非p

所以q

例4. 今天晚上我或者下棋，或者听音乐。

今天晚上我没有下棋，

今天晚上我听音乐了。

运用否定肯定式要求选言命题的选言肢穷尽一切可能，否则，否定了几个选言肢之后，不能肯定剩下来的那个选言肢就一定真实。例如公安人员对犯罪嫌疑人作案情况进行侦查，必须对作案的各种可能性做周密的考虑，然后逐一排除，直到最后剩下唯一的可能，从而抓住真正的罪犯。如果考虑不周密，遗漏了一些可能作案的人，这样，使用选言推理的否定肯定式，就有可能制造冤案。

选言推理的否定肯定式，是在写作中使用较多的一种推理形式，但在自然语言的表述中，往往不像刚才我们所述的形式那样明显，有时根本不出现"或者"这样的逻辑联结词，这就要求我们在进行逻辑分析时做认真的辨析。

例如，《三国志·诸葛亮传》中的《隆中对》一段中，讲到刘备三顾茅庐，向诸葛亮询问："君谓计将安出？"诸葛亮回答说：

自董卓已来，豪杰并起，跨州连郡者不可胜数。曹操比于袁绍，则名微而众寡，然操遂能克绍，以弱为强者，非惟天时，抑亦人谋也。今操已拥百万之众，挟天子而令诸侯，此诚不可与争锋。孙权据有江东，已历三世，国险而民附，贤能为之用，此可以为援而不可图也。荆州北据汉、沔，利尽南海，东连吴会，西通巴、蜀，此用武之国，而其主不能守，此殆天所以资将军，将军岂有意乎？益州险塞，沃野千里，天府之土，高祖因之以成帝业。刘璋暗弱，张鲁在北，民殷国富而不知存恤。智能之士思得明君。将军既帝室之胄，信义著于四海，总揽英雄，思贤如渴，若跨有荆、益，保其岩阻，西和诸戎，南抚夷越，外结好孙权，内修政理；天下有变，则命一上将将荆州之军以向宛、洛，将军身率益州之众出于秦川，百姓孰敢不箪食壶浆以迎将军者乎？诚如是，则霸业可成，汉室可兴矣。

诸葛亮这一段议论中，包含一个选言推理的否定肯定式。诸葛亮的话概括起来是这样的：

例5. 当时刘备面临的局面是：或者与曹操争锋，或者图谋江东孙权，或者进据荆州、益州。

现在，对曹操“诚不可与争锋”，对孙权“可以为援而不可图也”。

所以只有进据荆州、益州。

文章接着论证了进据荆州、益州的可能性与有利条件，最后的结论是一个假言命题：“诚如是，则霸业可成，汉室可兴矣。”

诸葛亮的论证逻辑性是很强的，也是符合实际的，因此，刘备立即被说服，称赞说：“善！”于是将诸葛亮请出山来，协助刘备奠定了三国鼎立的局面。

第六节 假言推理

假言推理是前提中包含假言命题的演绎推理。通常它的第一个前提是一个假言命题，第二个前提是一个直言命题，然后推出一个直言命题的结论。由于假言命题共有三种，因此，假言推理也有三种，即充分条件假言推理，必要条件假言推理和充分必要条件假言推理。除此之外，还有一种前提与结论都是由假言命题组成的推理，称为纯假言推理。现在分别阐述如下。

一 充分条件假言推理

在充分条件假言推理中，第一个前提是充分条件假言命题，第二个前提是一个直言命题，结论是一个直言命题。充分条件假言推理有两种正确的推理式，一种叫肯定前件式，一种叫否定后件式。

1. 肯定前件式

所谓肯定前件式就是第二个前提肯定第一个前提中的前件，结论则肯定第一个前提中的后件。它的结构是：

如果p，那么q

p

所以q

例1. 如果一种理论是从实际中总结出来，又在实践中经受了检验的，它就是一种科学的理论，

针刺麻醉的理论是从实践中总结出来，又在实践中经受了检验的，

因此，针刺麻醉的理论是一种科学的理论。

例2. 如果一种溶液能将蓝色石蕊纸变为红色，那么，它就是一种酸类水溶液，

这种溶液能将蓝色石蕊纸变为红色，

所以这种溶液是一种酸类水溶液。

在日常语言中经常用"既然……那么……"的形式来表述充分条件假言推理，这里"既然"实际上是既表述了第一个前提中的前件，又表述了对这个前件的肯定。这样上述推理式就可以表述成下面两个复句：

例3. 既然针刺麻醉的理论是从实践中总结出来，又在实践中经受了检验的，那么这种理论就是一种科学的理论。

例4.既然这种溶液能将蓝色石蕊纸变为红色，那么，这种溶液就是一种酸类水溶液。

2.否定后件式

所谓否定后件式就是第二个前提否定第一个前提中的后件，结论则否定第一个前提中的前件。它的结构是：

如果p，那么q

非q

———————

所以非p

例5.假如陆地上的冰全部融化，那么世界大洋水面就要上升66.3米。

现在世界大洋水面并没有这样大幅度上升，

———————

所以陆地上的冰并没有大量融化。

毛泽东同志的《我们的文艺是为什么人的？》一文中引述了鲁迅的一段话：

> 联合战线是以有共同目的为必要条件的。……我们战线不能统一，就证明我们的目的不能一致。或者只为了小团体，或者还其实只为了个人，如果目的都在工农大众，那当然战线也就统一了。

这也是一个否定后件式的充分条件假言推理，但它的表达顺序上与一般规范的形式有点不同。它的第二个前提与结论放在前面，第一个前提放在最后。它的正规形式应该是这样：

例6. 如果目的都在工农大众，那当然战线也就统一了。

（现在）我们战线不能统一，

就证明我们的目的不能一致。

充分条件假言推理的否定后件式也经常为医务人员所使用。例如在武汉曾经发生过这么一件事：交通部二航局工人吕多翠患了一种奇怪的病，她打个喷嚏就震断了三根肋骨；她爱人背她上医院，两条大腿骨和左胳膊也从中折断了。她曾被四家医院诊断为不治之症，某医院诊断她患的是巨骨细胞瘤和破骨性细胞瘤，只能再活三个月。就在这三个月的最后几天，她偶然遇到了武汉医学院骨科副教授王泰仪。王教授诊断后提出这是可治之症，他对原来的诊断提出了三疑：第一，患者气色尚好，能吃能喝，不像癌症晚期；第二，巨骨细胞瘤骨折较为集中，而且往往断在关节处，不会从中间折断；第三，巨骨细胞瘤病灶必然会往胸部转移，而患者胸部却没有病变。因此，他大胆推断吕多翠患的是甲状旁腺机能亢进症，后来经过各种医疗手段反复检查，证实了王泰仪副教授的诊断是正确的。经医院开刀治疗，病人终于痊愈。我们将王教授在诊断中所运用的推理恢复成完整的形式，应该是这样的：

例7.如果吕患的是晚期癌症，那么她就会气色不好，
不想吃不想喝，
现在吕的气色尚好，能吃能喝，
———————————————
所以吕不像到了癌症晚期。

例8.如果吕患的是巨骨细胞瘤，那么骨折会较为集中，而且往往断在关节处，不会从中间折断，
现在吕的骨折都是从中间折断，
———————————————
所以，吕患的不是巨骨细胞瘤。

例9.如果吕患的是巨骨细胞瘤，那么病灶必然会往胸部转移，
现在吕的胸部并没有病变，
———————————————
所以吕患的不是巨骨细胞瘤。

这种方法被很多医生采用，主要用于排除某种病症。

运用充分条件假言推理有时容易犯逻辑错误，常见的有两种。

第一种是从肯定后件来肯定前件。如：

例10.如果天下雨，那么路面会湿，
现在路面湿了，
———————————————
由此可见天下了雨。

实际上这是不可靠的，因为路面湿可能是天下雨造成

的，也可能是其他原因造成的，单凭路面上湿这一点，是不能肯定天下了雨的。从理论上说，“如果p，那么q”，p是q的充分条件，q只是p的必要条件，有了必要条件q，还不足以推出p这个结果来。因此，试图从肯定后件来肯定前件，是不正确的。

另一种是从否定前件来否定后件。如：

例11. 如果天下雨，那么路面湿，

现在天没下雨，

由此可见，路面不会湿。

这也是不可靠的，因为即使天没下雨，还可能因其他原因使得路面湿。单凭天没下雨这一点，不足以推出路面不会湿。从理论上说，“如果p，那么q”，p是q的充分条件，不一定是q的必要条件，也就是说少了这个条件，并不见得就不出现这个结果，因此，试图从否定前件来否定后件也是不正确的。

二 必要条件假言推理

必要条件假言推理的第一个前提是必要条件假言命题，第二个前提是一个直言命题，结论是一个直言命题。必要条件假言推理也有两种正确的推理式，一种叫肯定后件式，一种叫否定前件式。

1. 肯定后件式

肯定后件式就是第二个前提肯定第一个前提中的后件，结论肯定第一个前提中的前件。它的结构是：

只有p，才q，

　　q，

所以p。

例12. 只有田里水分充足，水稻才能长好，

现在水稻长势很好，

可见，田里水分充足。

例13. 只有学好数学，才能掌握这种复杂的计算技术，

李林已经掌握了这种复杂的计算技术，

可见，李林一定学好了数学。

2. 否定前件式

否定前件式就是第二个前提否定第一个前提中的前件，结论否定第一个前提中的后件。它的结构是：

只有p，才q，

　非p，

所以非q。

例14. 只有田里水分充足，水稻才能长好，

现在田里水分不充足，

所以水稻一定长不好。

例15. 只有学好数学，才能掌握这种复杂的计算技术，
李林连数学都没有学好，
———————————————
他怎么能掌握住这种复杂的计算技术呢?

在自然语言中，有时将第二个前提与结论合在一起，组成一个命题，用“否则”这个联结词将它与第一个前提组合起来，形成一个假言推理。例如，“只有创新，才能进步。否则就是原地踏步，被历史淘汰。”

运用必要条件假言推理有时也容易犯逻辑错误，常见的有两种。

一种是从肯定前件来肯定后件。如：

例16. 只有田里水分充足，水稻才能长好，
现在田里水分充足，
———————————————
所以水稻一定能长好。

显然，这种推理是根据不足的，因为只是田里水分充足，如果肥料不足，田间管理不善，水稻仍长不好。从理论上说，“只有p，才q”，p是q的必要条件，这只是说少了p这个必要条件，一定不会产生q这个结果，但有了p这个必要条件，还不能说一定有q这个结果。

另一种是从否定后件来否定前件。如：

例17. 只有田里水分充足，水稻才能长好，
现在水稻没有长好，
———————————————
可见，一定是田里水分不足。

这种推理根据也是不足的，因为水稻没有长好，可能是由于田里水分不足，也可能是由于其他的原因，如肥料不足，田间管理不善等。看到水稻没有长好，不能由此一口咬定是由于水分不足。从理论上说，“只有p，才q”，p是q的必要条件，q就是p的充分条件，否定了充分条件q，并不一定就能否定结果p，这跟充分条件假言推理不能从否定前件到否定后件的道理是一样的。

三　充分必要条件假言推理

这种推理式的第一个前提是充分必要条件假言命题。第二个前提与结论或者由肯定前件来肯定后件，或者由肯定后件来肯定前件，或者由否定前件来否定后件，或者由否定后件来否定前件。如：

1.肯定前件式

p，当且仅当q

p

———————

所以q

例18.三角形的三角相等，当且仅当它的三边相等，

这个三角形三角相等，

———————

所以，这个三角形的三边相等。

2.肯定后件式

p，当且仅当q

q

———————

所以p

例19.三角形的三角相等，当且仅当它的三边相等，

这个三角形三边相等，

———————————————

所以，这个三角形的三角相等。

3.否定前件式

p，当且仅当q

非p

———————

所以非q

例20.三角形的三角相等，当且仅当它的三边相等，

这个三角形三角不相等，

———————————————

所以，这个三角形的三边不相等。

4.否定后件式

p，当且仅当q

非q

———————

所以非p

例21.三角形的三角相等，当且仅当它的三边相等，

这个三角形三边不相等，

———————————————

所以，这个三角形三角不相等。

这四种推理式由于使用较少，我们就不再举例说明了。

四　纯假言推理

纯假言推理就是前提与结论都是由假言命题组成的推理。它的结构是：

如果p，那么q，

如果q，那么r，

所以如果p，那么r。

例如，王充的《订鬼》一文中有这么一段：

> 凡天地之间，有鬼，非人死精神为之也，皆人思念存想之所致也。致之何由？由于疾病。人病则忧惧，忧惧见鬼出。凡人不病则不畏惧。故得病寝衽，畏惧鬼至，畏惧则存想，存想则目虚见。

这里包含两个纯假言推理：

例22. 人病则忧惧，

忧惧见鬼出，

（故：人病则见鬼出。）

例23. 畏惧则存想，

存想则目虚见，

（故：畏惧则目虚见。）

纯假言推理还可以表现为连锁推理的形式，即一个推理跟一个推理连接起来。下面是成仿吾同志所写的《长征加忆录》引言中的一段话：

> 回顾起来，如果在长征初期没有纠正王明一伙“左”倾路线的错误，中央红军连同二、六军团就有被数倍于我的敌人包围而遭到覆没的危险；如果在长征后期没有克服张国焘右倾机会主义路线的错误，四方面军就会被全部断送掉；如果是上述那样，就根本没有长征的胜利，而没有长征的胜利，中国就只能在汉奸卖国贼手里任凭帝国主义宰割，而继续成为殖民地与半殖民地。所以，长征的胜利是经过遵义会议纠正了王明一伙“左”倾错误践线，确立了毛泽东同志的正确领导，又克服了张国焘的右倾机会主义错误路线并粉碎了他的分裂阴谋才取得的。

这一长段里，假言推理的连锁形式是比较明显的。它具有这样一个结构：“如果p，那么q；如果r，那么s；如果q并且s，那么t；如果t，那么u。所以，非t，就要非p和非r。”读者可以根据这一形式对上述语句进行分析。

这种连锁式的假言推理还可以用来进行反驳，即揭露一个命题的虚假。在自然语言中这种形式往往表现得很隐蔽，这就需要读者或听者去认真识别。例如，湖南花鼓戏《补锅》中有刘大娘、李小聪、刘兰英三人的一段对话：

刘大娘：（转怒地）好，你不补！你扳俏！（松开手）你学了这一点子技术就来卡人。我问你：你这是什么服务态度？你对集体养猪事业是什么认识？逢年过节你还想不想吃肉？

李小聪：嘿嘿，怎么不想吃肉呢？大娘。

刘大娘：哼，你也想吃肉，再来问你，既然想吃肉，那要不要喂猪？

李小聪：当然要哇。

刘大娘：既然要喂猪，那要不要煮潲？

李小聪：当然要煮潲哇！

刘大娘：既然要煮潲，那要不要有锅？

李小聪：当然要哇！

刘大娘：既然要有锅，那锅子烂了要不要补？

李小聪：那……

刘大娘：往下讲呀！往下讲呀！你为什么不作声了？在学校里，老师是怎样教育你的？

刘兰英：（暗示李小聪）对呀，老师讲对待这种错误思想要坚决进行斗争！

刘大娘：（以为女儿是站在自己一边，接话）像你这样的思想，连年过节只有请你吃骨头，没得肉给你吃！

李小聪：（受到刘兰英的暗示，转守为攻地）好，逢年过节我就吃骨头。不过，大娘，我来问你，你老人家凭什么得的表扬？

刘大娘：凭我喂猪喂得好呀！

李小聪：嗯，你喂猪要不要煮潲？

刘大娘：那当然要煮潲哇！

李小聪：那煮潲要不要有锅？

刘大娘：那当然要有锅哇！

李小聪：那锅子烂了要不要人补？

刘大娘：那当然要人补哇！

李小聪：要是大家都像你一样，都看不起补锅的，都不愿意来补锅，那谁来替你补锅呢？

刘大娘：那……

李小聪：吔，往下讲呀！往下讲呀！你老人家为什么也不作声了？

刘大娘：（尴尬地）这……

刘兰英：妈妈，没有理了吧？

刘大娘与李小聪的这一段对话，都很有逻辑性。刘大娘是从“逢年过节你想吃肉”这个命题（p）出发，运用连锁推理：“如果p，那么q；如果q，那么r；如果r，那么s；如果s，那么t；如果t；那么u”，推出“锅子烂了就要补”的结论，这也就是说李小聪不愿补锅的思想是不正确的（其实李小聪不愿补锅是假装的）。李小聪则不仅知道刘大娘是自己未来的岳母，而且知道她有看不起自己这个补锅匠女婿的思想，于是套用了刘大娘的推理式，从“你老人家凭喂猪喂得好而得表扬”这一命题出发，经过五个环节，推出一个与刘大娘的结论不同的结论。刘大娘是问：“那锅子烂了要不要补？”李小聪的反问是：“那锅子烂了要不要人补？”然后再追问一句：“要是大家都像你一样，都看不起补锅的，都不愿意来补锅，那谁来替你补锅呢？”于是这一场喜剧性的辩论以刘大娘的失败而告终。

在这一串连锁推理中，我们看出，前提和结论都没有使用直言命题或假言命题的形式，而是用疑问句逼使对方予以肯定答复，句中也没有使用标志推理的关联词语。这就要求我们学会善于从自然语言中发现出推理式来。

五　归谬法

归谬法是这样一种演绎推理，它的结论是通过表明对这个结论的否定必然导致某种荒谬的、虚假的东西而确立的。它的结构是：

如果p，那么q并且非q，所以非p。

这里非p是对p的否定，q并且非q是一个矛盾式，它必然虚假。

例如鲁迅在《文艺大众化》一文中有这么一段话：

> 倘若说，作品愈高，知音愈少，那么，推论起来，谁也不懂的东西，就是世界上的绝作了。

这里p是命题“作品愈高，知音愈少”，q是“谁也不懂的东西，就是世界上的绝作了”，但是这个命题谁都知道是假的，即非q，这就是说由p推出“q并且非q”，“q并且非q”是矛盾式，而矛盾是荒谬的、虚假的、应予否定的。根据充分条件假言推理的否定式，否定后件就否定前件，从而推出p是假的，非p是真的，这就是说，“作品愈高，知音愈少”是一个假命题，也就是说，“作品愈高，知音愈少”的谬论被反驳掉了。

再例如，王充的《论衡·论死篇》，批驳“人死变鬼”的观点，说：

> 天地开辟，人皇以来，随寿而死。若中年夭亡，以亿万数。计今人之数不若死者多，如人死辄为鬼，则道路之上，一步一鬼也。人且死见鬼，宜见数百千万，满堂盈廷，填塞巷路，不宜徒见一两人也。

这里p就是“人死辄为鬼”，q是“道路之上，一步一鬼也”，但这个q是假的，即非q，这就是说由p推出q并且非q，所以非p，也就是说，“人死辄为鬼”是一个假命题。

第七节　二难推理

二难推理是由假言命题与选言命题结合而成的推理，所以，它也可以称为假言选言推理，其中包含两个假言前提，一个选言前提，一共有三个前提。它有简单构成式、简单破坏式、复杂构成式和复杂破坏式四种形式。

一　简单构成式

简单构成式的前提是由两个假言命题与一个选言命题所组成，两个假言命题的后件相同，选言命题肯定两个假言命题的前件，结论则肯定两个假言命题的后件。它的结构是：

如果p，则r；如果q，则r。

p或者q，

———————————

所以r。

例1. 如果我今年参加高考被录取，那么，在大学我要努力学习；

如果我今年参加高考未被录取，那么，在工作岗位上我也要努力学习。

我今年参加高考或者被录取，或者不被录取，

我都要努力学习。

在自然语言中，这种推理式往往以省略的形式表达出来。例如毛泽东的《论人民民主专政》一文中有这么一段：

> 在野兽面前，不可以表示丝毫的怯懦。我们要学景阳冈上的武松。在武松看来，景阳冈上的老虎，刺激它也是那样，不刺激它也是那样，总之是要吃人的。或者把老虎打死，或者被老虎吃掉，二者必居其一。

列成规范的形式应是这样：

例2. 景阳冈上的老虎，如果刺激它，那么它要吃人；

如果不刺激它，那么它也要吃人。

或者刺激它，或者不刺激它，

所以它总是要吃人的。

二 简单破坏式

简单破坏式的两个假言命题的前件相同而后件不同，选言前题否定两个假言命题的后件，结论则否定两个假言命题的前件。它的结构是：

如果p，则q；如果p，则r。

非q或者非r，

所以非p

例3. 如果是急性阑尾炎，那么开始会感到上腹疼痛；

如果是急性阑尾炎，那么会由上腹疼痛转为右下腹疼痛并伴有轻度呕吐，

现在病人并未感到上腹疼痛，或者并未感到右下腹疼痛并伴有轻度呕吐，

所以病人患的不是急性阑尾炎。

三 复杂构成式

复杂构成式跟简单构成式的区别在于，复杂构成式的两个假言命题的后件不同，结论是一个选言命题。它的结构是：

如果p，则r；如果q，则s。

p或者q，

所以r或者s。

例4.如果他的意见是正确的，那么你就表示接受；

如果他的意见是错误的，那么你就表示反对；

他的意见或者正确或者错误，

所以你或者表示接受，或者表示反对。

复杂构成式不仅可以由两个假言命题和有两个选言肢的选言命题构成，而且可以由两个以上的假言命题和有与假言命题相等数量的选言肢组成的选言命题所构成。例如，在《伊索寓言》中有一个《磨坊主、他的儿子和他们的驴子》的故事，讲一个磨坊主老人和他的儿子赶着他们的驴到邻近市场上去卖。没走多远，遇到一群人，笑他们真傻："可以骑驴去，却沿途步行。"于是老人就叫儿子骑在驴背上。不一会儿，他们又遇到一群人，说："现在这个时候谈不到什么尊老敬齿了。你们可看见那懒惰的孩子骑着驴，而他年老的父亲，却只好步行。"老人听了，便叫儿子下来，自己骑上去。走不多远，又遇到一群人，说："你这个懒惰的老头儿，怎么可以骑在这牲口上，而让可怜的孩子跑得上气不接下气。"老人听了，就叫儿子上来，合骑在驴背上。快到市场了，又遇到一群人，说："照你们合骑它的情形看来，你们两个驮着这个牲口，比它驮你们还要好些。"于是，老人就和他儿子下来，将驴子的脚捆住，两人抬着走。最后驴子不堪其扰，挣断绳索，跌到河里去了。

这就是一个有五个选言肢的假言选言推理，列成推理式应是这样：

例5.如果老人和他的儿子都不骑驴，那么说明他们真傻；

如果老人步行、儿子骑驴，那么说明这个懒惰的小孩太不尊老敬齿了；

如果老人骑驴、儿子步行，那么说明这个懒惰的老人太不疼爱孩子了；

如果老人和儿子一起骑驴，那么说明他们太不怜惜驴子了；

如果老人和儿子抬着驴走，那么说明他们蠢得无以复加了。

或者老人和他的儿子都不骑驴；或者老人步行，儿子骑驴；或者老人骑驴，儿子步行；或者老人和儿子一起骑驴；或者老人和儿子抬着驴走。

所以，或者说明他们真傻，或者说明小孩太不尊老敬齿了，或者说明老人太不疼爱孩子了，或者说明他们太不怜惜驴子了，或者说明他们蠢得无以复加了。

四　复杂破坏式

复杂破坏式跟简单破坏式的区别在于：复杂破坏式的两个假言命题的前件不同，结论是一个选言命题。它的结构是：

如果p，则r；如果q，则s。
非r或者非s，
———————————
所以非p或者非q。

例6. 如果这是酸类水溶液，那么它就能将蓝色石蕊试纸变为红色；
如果这是碱类水溶液，那么它就能将红色石蕊试纸变为蓝色。
但是这种溶液并不能使蓝色石蕊试纸变为红色或者不能使红色石蕊试纸变为蓝色，
———————————
所以这种溶液或者不是酸类水溶液，或者不是碱类水溶液。

五　二难推理的规则

二难推理是在日常语言中经常运用的一种论证方式。这种论证方式当古代逻辑与修辞密切联系着的时候就开始出现。不过，从严格的逻辑观点看来，它并没有什么特别的重要意义，因为它不过是假言推理与选言推理的综合运用。一个有效的构成式二难推理就像两次使用假言推理的肯定前件式，一个有效的破坏式二难推理就像两次使用假言推理的否定后件式。二难推理既然是假言推理与选言推理的综合运用，因此，它必须遵守假言推理和选言推理的有关规则。例如，它允许通过肯定前件来肯定后件，不允许肯定后件来肯定前件；它允许否定后件来否定前件，而不允许否定前件来否定后件。在构成式中，选言肢要穷尽一切可能。

二难推理的论证力量在于使对方陷入进退两难的境地。要破除对方的二难推理，即从进退两难的境地解脱出来，有下述一些方法：一是指出对方的假言命题的前件不是后件的充分条件；二是指出构成式的选言肢没有穷尽一切可能；三是指出对方违反了只许肯定前件来肯定后件，或者否定后件来否定前件，而不许肯定后件来肯定前件，或否定前件来否定后件的规则。

例如在俄国的民间传说《皇太子伊凡和灰狼》中，有这样一段情节：伊凡牵着马到了一个三岔路口，看见一块石碑上面刻着这样的一段话："谁要一直走将会受冻挨饿，谁要往右走，他自己会被杀死，而马可以保全；谁要往左走，自己可以活着，而马会被杀死。"这是一个复杂构成式的假言选言推理，一般认为，皇太子只有在此三种可能性中进行选择，而不论何种选择都将给他带来不幸。然而，从逻辑的观点看，这个构成式并未穷尽一切可能，因为还有一条向后走的路，或者就地停留也未尝不可。因此，这种困境是可以解脱的。

破除对方的二难推理还有一种方法就是建立一个反二难推理。

过去的逻辑教材中经常选用这么一个例子，说在古希腊雅典有一位母亲试图说服他的儿子不要参与政治，母亲的理由是：

例7. 如果你主持正义，那么有人会恨你；

如果你不主持正义，那么神会恨你。

但是你必须或者主持正义，或者不主持正义，

所以总有人恨你。

她的儿子就建立一个反二难推理予以反驳：

例8. 如果我主持正义，那么神会爱我；

如果我不主持正义，那么有人会爱我。

我必须或者主持正义，或者不主持正义，

所以总有人爱我。

过去的逻辑教材中还有一个经典的例子，就是古希腊智者学派的代表人物普罗塔哥拉斯与他的学生欧提勒斯打

官司的故事。欧提勒斯向普罗塔哥拉斯学法律，他刚上学时，跟他的老师订了合同，欧提勒斯先付一半学费，另一半学费等他学成后第一次打赢官司时再付，但是，欧提勒斯毕业后并不出庭打官司，这样也老不付另一半学费。普罗塔哥拉斯就向法庭提出了控诉，并向他的学生说：

例9.如果你这次打赢了官司，按照我们的合同，你要付我的学费；

如果你这次打输了官司，按照法庭判决，你要付我的学费。

你这次或者打赢官司，或者打输官司，

所以你都要付我的学费。

这是一个简单构成式二难推理。

但是，他的学生也不示弱，立即也回敬了一个同一形式的二难推理：

例10.如果我这次打赢了官司，按照法庭判决，我不付你的学费；

如果我这次打输了官司，按照我们的合同，我不付你的学费。

我这次或者打赢官司，或者打输官司，

所以我都不付你的学费。

普罗塔哥拉斯的二难推理的致命弱点在于他在推理中

采用了两种标准，一会儿是合同，一会儿是法庭判决，看哪个标准有利，就采用哪个标准。这样，他的学生欧提勒斯就有空子可钻，既然老师可以采用两种标准，学生也同样可以采用两种标准，拣对自己有利的一面来执行。严格说起来，法庭判决的约束力应大于合同的约束力，因为当法庭做出判决时，要考虑原订合同这一因素。如果双方都采用一个标准，这场官司就结束了，那就形成一个复杂构成式：

例 11. 如果欧提勒斯这次打赢了官司，根据法庭判决，就可以不付学费，
如果欧提勒斯这次打输了官司，根据法庭判决，就一定要付学费。
欧提勒斯这次或者打赢官司，或者打输官司，
———————————————————
所以他这次或者不付学费，或者要付学费。

演绎推理的部分就讲到这里。在科学认识和语言表达中，演绎推理是一种有很强说服力的推理形式，原因在于，运用这种形式，前提给结论提供很强的支持力。演绎推理除了我们所讲的这些以外，还有一些其他的推理形式，如关系推理、模态推理等等，因篇幅关系，这里就不多说了。

第五章　归纳推理

第一节　归纳推理的概述

我们曾经说过，归纳推理要求前提的真实性对结论的真实性提供相当大的支持力量，但是还不能保证结论一定真实。其原因在于结论的知识范围超出了前提的知识范围，从而结论的真实性还有待实践来进一步检验。如果断定前提的真实性而否定结论的真实性，并不会产生矛盾。

除了在第一章第一节所引述的例子外，现在再引述一个例子。

我国已故生物学家童第周和美籍科学家牛满江夫妇曾合作进行过一项实验。他们把从鲫鱼卵巢内成熟的卵子中提取的信息核糖核酸注入金鱼的受精卵内，结果使繁殖的一部分金鱼和它们的后代由双尾变成单尾，表现出了鲫鱼的尾鳍性状。他们以此为依据，推出细胞质信息核糖核酸对于动物的发育、遗传具有明显的作用。

这就是一个归纳推理。前提讲的是鲫鱼的信息核糖核酸使金鱼的后代表现出鲫鱼的尾鳍性状，也就是说鲫鱼的信息核糖核酸对金鱼的后代的发育、遗传具有明显的作用（更准确地说，是做实验的鲫鱼的信息核糖核酸对做实验的金鱼的后代的尾鳍性状的遗传具有明显的作用）。这是一个特殊性的知识，它涉及的范围只是鲫鱼、金鱼遗传方面的问题。而它的结论是讲所有细胞质中的信息核糖核酸都会对动物的发育、遗传产生某种明显的作用。这是一个一般性的知识，其涉及的范围大大超过前提知识的范围。超出实验范围的那一部分的真假性，还有待实践的进一步的检验。正因为这样，我们说用归纳推理由前提推出结论具有一定的或然性，如果在未来的实验中出现了不符合这个结论的情况，也就是说否定了结论的真实性，将这个否定的结论与断定的前提结合起来，并不产生矛盾，因为否定结论只是说并非所有细胞质中的信息核糖核酸都会对某种动物的发育、遗传产生某种明显的作用，而前提是说鲫鱼的信息核糖核酸对金鱼的后代的发育、遗传具有明显的作用，原结论是一个全称肯定命题，前提相对于结论来说是一个特称肯定命题，否定全称肯定命题，并不与特称肯定命题产生矛盾。

为什么人们可以根据一些特殊性知识推出一般性的结论来呢？这是由于个别和一般具有对立统一的辩证关系。在客观事物中，一般不是一个独立存在的东西，它总是寓于个别之中，通过个别表现出来，个别也总要在某种程度上表现一般。人们认识事物总是先认识个别事物，然后通过对个别事物的分析和综合，掌握事物中一般性的东西（本质和规律），这就是归纳推理得以实现的客观基础。

根据上面的论述，我们可以把归纳推理和演绎推理做一个全面的对比：

归纳推理	演绎推理
结论中的知识超出了前提中的知识的范围。	结论中的知识包括在前提知识的范围之中。
如果前提真实，就可能推出真实的结论，但不必然推出真实的结论。	如果前提真实，就必然推出真实的结论。
如果断定前提的真实性而否定结论的真实性，并不会产生矛盾	如果断定前提的真实性而否定结论的真实性，就一定产生矛盾。

由于归纳推理具有或然性，有的逻辑学家就试图运用概率的方法，来解释在归纳过程以有限的经验事实对一定范围的普遍原理的支持程度或确证程度。

归纳推理虽然具有或然性，但它在日常思维和科学研究中仍有相当大的作用，甚至可以说它是人们认识过程不可缺少的一个环节。达尔文曾说过：“科学就是整理事实，以便从中得出普遍的规律或结论。”这就是指的归纳。自然科学如此，人文科学也是如此。语言学中讲授的很多语言规律就是从语言的事实中归纳出来的。例如，名词一般能用数量词组修饰，不能用副词修饰；能用在介词后边，组成“介词结构”；一般不能重叠；在句中常单独做主语和宾语，一般不做谓语。名词这些语法特征就是从大量的语言现象（这里是指现代汉语）中归纳出来的。虽然这些语法特征在运用中总会遇到某些例外，如说“人不人，鬼不鬼”，这里名词受到副词的修饰，说“家家”“户户”，这里出现了名词的重叠，但这些例外并不能用来推翻上述一般规律。我们可以说，归纳推理在探求新结果、获得新知识方面，比演绎推理具有更大的作用。不过，由归纳得出的新结果、新知识，又需要运用演绎推理加以推演和验证，这充分体现出归纳与演绎相辅相成的作用，夸大或贬低其中任何一种的作用都是不对的。

在中学语文课文中，凡是以事实为依据推出一般性结论的，都可以看作归纳论证，分析这些课文时都需要运用归纳推理的逻辑知识。此外，教师在教学中也经常运用归纳推理的方法，例如，通过一定的课文教学，归纳出某些写作的一般方法，以帮助学生深入地理解课文和进一步提高写作技巧。

在日常工作中，我们经常要写调查报告和工作总结，这些都要运用归纳推理。由此可见，学习与掌握归纳推理的知识，对中学和中等职业学校的语文教师以及在职干部来说，都是非常必要的。

在逻辑史上，确实出现过过高评价或过低评价归纳推理作用的两种偏向。前者称为归纳万能论者，后者称为反归纳主义者。马克思主义认为这两种观点都是错误的，其错误就在于形而上学地割裂演绎与归纳的内在联系，人为地将它们绝对地对立起来，这种割裂与对立的结果，在理论上与实践上给这两种推理都造成了很大的困难。恩格斯在《自然辩证法》的札记中曾写道：

> 我们用世界上的一切归纳法都永远不能把归纳过程弄清楚。只有对这个过程的分析才能做到这一点。——归纳和演绎，正如分析和综合一样，是必然相互联系着的。不应当牺牲一个而把另一个捧到天上去，应当把每一个都用到该用的地方，而要做到这一点，就只有注意它们的相互联系、它们的相

互补充。

鲁迅也曾经说过：

> 偏于培庚（今译培根）之内籀（即归纳）者固非，而笃于特嘉尔（今译笛卡儿）之外籀（即演绎）者，亦不云是。二术俱用，真理始昭，而科学之有今日，亦实以有会二术而为之者故。（《坟·科学史教篇》）

从形式逻辑的角度来看，虽然我们不去具体研究归纳和演绎的辩证法，但对它们之间的辩证关系有一个正确的了解，还是必要的。

第二节　观察和实验

进行归纳推理，首先要有经验事实，也就是平常所说的要有材料。掌握经验事实的基本方法是观察和实验。

观察就是人们通过自己的感官（眼、耳、鼻、舌、身等），或借助于某种仪器（如显微镜、望远镜、记录仪表等）认识客观事物在自然条件下的性状和联系。

例如科普作品《眼睛与仿生学》一文，就有这么一段关于蜻蜓眼睛的描述：

> 例如蜻蜓的眼睛，没有人眼的那种眼球，也不能转动，而是靠着头部的转动朝向物体的。它的表面是一层比较硬的半透明角膜，边缘与头部表面融为一体。我们用显微镜观察，会惊异地看到，蜻蜓的一只大眼睛竟是由两万多只表面呈六边形的“小

> 眼”紧密排列组合而成的。每只小眼都自成体系，有自己的光学系统和感觉细胞，都能看东西。这类由几十至几万个独立小眼构成的眼睛，叫作“复眼”。

这一段记述就是靠科学家们的视觉加上仪器观察得来的。

再如《一次大型的泥石流》：

> 26日夜间，蒋宋沟一带乌云密布。次日凌晨3时，狂风呼啸，大雨倾盆。到天亮，大雨逐渐转为细雨。6时25分的时候，雨还在下，从山沟里传出火车轰鸣似的巨响，震撼着山谷。这种怪声就是泥石流爆发的响声。在巨响传出之前，往常流水不大的沟槽中，流量很快增大到3—4立方米每秒。稍过片刻，突然出现断流状态。又过了几分钟，随着响声增大，泥石流就滚滚而出。

随后文章记述了泥石流的流卷冲击的情况。这一段观察是不仅依靠视觉，也依靠听觉得以进行的。

实验是人们利用各种仪器设备创造一定的条件，改变所观察事物的环境，有效地控制事物的发展过程，以达到更深刻地认识客观事物的目的。

例如，人教版初中语文教材《奇妙的克隆》一文，记述了科学家通过实验发展克隆技术的情况。

> 我国著名学者童第周在1978年成功地进行了黑斑蛙的克隆实验。他将黑斑蛙的红细胞的核移入事先除去核的黑斑蛙卵中，这种换核卵最后长成能在水中自由游泳的蝌蚪。

在科学研究过程中，观察和实验各有自己的特点和优点。通过实验可以观察到很多在自然条件下不能观察到的事，但有些领域人们不可能去进行实验，这时只能依靠观察。如对天体的研究只能依靠望远镜的观察（目前虽然可以派人乘宇宙飞船到月球上去，但那也还只是观察）。

在社会工作中进行观察就是做调查研究。毛泽东同志的《〈农村调查〉的序言》就强调：

> 要了解情况，唯一的方法是向社会作调查，调查社会各阶级的生动情况。

在社会领域也可以做实验，那就是平常所说的“试点”工作。例如在经济领域进行经济体制的改革，在教育系统进行管理体制的改革，教学内容与教学方法的改革，都需要进行试点。这些都属于实验的范围。

观察和实验都必须注意以下几点：

第一，要有目的性，即观察和实验都是为一定的实践目的而进行的。前面讲到的对动物眼睛的观察，就是为了"研究、认识眼睛的各种构造和功能，可以从中得到重要的启示。这对现代科学技术有重要的意义。"（《眼睛与仿生学》）用各种方法培养农作物的新品种，就是为了防治作物病害，夺取农业丰收。没有目的的观察和实验只能得到一些零散的感性材料，不可能从中得出科学的结论，因此，这样的材料也不会有什么科学价值。

第二，要有客观性，即对事物的各个方面（特别是跟实践目的相反的情况）都要注意到，不能只选取符合自己愿望的情况，而任意舍弃不符合自己愿望的情况。归纳过程要特别注意有无反例出现，如果客观上有反例出现而主观上却有意加以忽略或抹杀，这样推出的结论就必然是主观主义的，与事实有出入的，没有说服力的。

第三，要有准确性，即对观察与实验反映的客观事实的记录必须精确，记录过程不能粗枝大叶，马马虎虎，因为通过观察和实验而记录下来的材料，就是关于个别的、特殊的事物的知识，它将作为归纳推理的前提。如果这些材料是马马虎虎观察来的，以这样的前提推出结论，很难做到不出错误。

有人以为只要是自己亲眼看见的和亲耳听见的，就一定是精确的，这是不正确的。

有这么一个故事：在德国戈廷根召开一次心理学会议，与会者都是一些善于做科学观察的心理学家。在会议进行中，突然从门外冲进一人，后有一人拿着手枪追赶。两人在屋子中间混战时突然响了一枪，两人又一起冲了出去。从进来到出去一共20秒钟。两人出去后，会议主席立即要求所有参加会议的人记下他们所见的全部过程。原来事件是会议主席有意安排的，并当场录了像。事后经检查发现，在交上来的40篇记录中，仅有一篇在主要事实上错误少于20%，有14篇其中有20%—40%的错误，有25篇其中有40%以上的错误。特别值得注意的是半数以上的记录有10%或更多的细节纯属臆造。这个故事说明即使有经验的心理学家，在观察时都可能出现误差，甚至可能出现较大的误差。由此可见，要做到观察准确，并不是一件容易的事。

第三节　比较、分析和综合

通过观察与实验，人们获得关于认识对象的一定的感性材料，要使这些材料成为归纳的基础，必须对这些材料进行思维加工。在加工的过程中所使用的逻辑方法一般是比较、分析和综合。

人们认识两个以上的事物，经常要使用比较的逻辑方法。所谓比较，就是将彼此有一定联系的事物加以对照，明确它们之间的相同点与不同点。

例如，科学家将人脑跟一些动物脑，特别是一些智力较高的动物的脑进行比较，发现人与某些动物都有脑，这是相同点，但另外还有很多的不同点。一是人脑的绝对重量跟很多动物的脑重量相比要大得多。如猩猩、黑猩猩的脑重量只有400克，大猩猩也只有540克，而现代人的脑重量平均约为1400克。二是人脑的相对重量，即与本身躯体重量相比的数量也比动物为大。如黑猩猩的脑重只占体重的1/150，大猩猩只占1/500，猴子的脑重与体重相比为1/18，但其脑的绝对重量却太小。大象与鲸的脑的绝对重量比人脑要大，最大的象的脑重量达6000克，最大的鲸的脑重量竟达9000克，但象脑只占本身体重的1/1000，鲸脑只占本身体重的1/10000，而现代人的脑重量为本身体重的1/50。三是人脑的沟回深。通过比较，人们就对人类思维活动的物质基础即人脑的特点有了一些具体的理解。

在写作中为了说明一种观点、一个问题，有时也使用比较的方法。例如，毛泽东同志写的《改造我们的学习》，文章的中心思想（逻辑上称为论题）是："我主张将我们全党的学习方法和学习制度改造一下。"在文章的第三部分就运用了比较法。这一部分开始就说："为了反复地说明这个意思，我想将两种互相对立的态度对照地讲一下。"下面就列举了"第一种：主观主义的态度""第二种：马克思列宁主义的态度"。通过比较，使读者充分认识到主观主义的"这种反科学的反马克思列宁主义的主观主义的方法，是共产党的大敌，是工人阶级的大敌，是人民的大敌，是民族的大敌，是党性不纯的一种表现。大敌当前，我们有打倒它的必要。"而马克思列宁主义的态度"就是实事求是的态度。……这种态度，就是党性的表现，就是理论和实际统一的马克思列宁主义的作风。这是一个共产党员起码应该具备的态度”。运用了比较法，这篇文章就具有很强的说服力。

分析是指在思维中将一个整体的对象分解成它的各个部分，然后分别研究其各个部分所具有的属性。例如，细胞作为一个认识的对象，它可以在思维中分解为细胞膜、细胞质和细胞核三个部分。分解之后人们再对这三个部分分别加以研究，了解它们所具有的属性。如细胞核的表面包着一层薄膜叫核膜，核膜的里面充满着不着色或略有嗜酸性的物质叫作核液，核液内分布着一些能被碱性染料染成深色的网状或小块状物质叫作染色质，此外，还有几个相当大的圆形小体叫作核仁。这样逐层分析的过程也就是人们认识逐渐深入的过程。

分析活动是在实践的基础上进行的。恩格斯指出：“一个果核的剖开已经是分析的开端。”儿童要了解他的玩具的内部结构，就将这个玩具拆开。这个拆开的实践过程也就是他在思维中分析的过程。成年人在分析比较复杂、比较困难的问题时，也要回到实践的基础上去，如在自然科学中进行解剖和实验，在社会活动中进行实地的社会调查。恩格斯曾指出，整个悟性活动，包括对未知对象的分析，

“是我们和动物所共有的”。但人的分析的最大特点是在实践的同时，还借助语言进行思维中的分析，而随着经验的积累，这种思维中的分析对以后的实践能起到一定的指导作用。逻辑所强调的正是这种思维中的分析活动。

庄子《庖丁解牛》一文，讲的就是思维中的分析如何指导实践分析的故事。庖丁通过实践，对牛的全身结构已经有了深刻的了解，因此，他在解牛时只见到牛的各个组成部分，“未尝见全牛也”，他在解牛的过程中是“以神遇而不以目视，官知止而神欲行”，这样才能做到“依乎天理，批大郤，导大窾，因其固然，技经肯綮之未尝，而况大軱乎！”学习这篇课文，我们可以理解到思维中的分析的重要作用。

分析既是思维的方法，自然也是写作的方法。毛泽东的《中国社会各阶级的分析》一文，就是以分析为主要写作手法的文章。作者首先将中国社会这个整体对象分解为各个阶级，然后逐一地分析各阶级的经济地位及其对于革命的态度。（不过要注意，毛泽东在这里不仅运用了形式逻辑的分析方法，而且运用了辩证的分析方法，但那已属于辩证逻辑探讨的范围，这里就不赘述了。）

《反对自由主义》一文，也是主要运用分析的方法。文章分析了自由主义的十一种表现形式，分析了它的来源及其对党、对革命事业的危害性。经过分析，使读者不仅有了对自由主义的一般了解，而且对它的各种表现形式有了具体而深刻的认识。

跟分析相联系的另一种方法就是综合。所谓综合，就是在思维中将经过分析的事物的各个部分再结合成一个整体。正如分析一样，思维中的综合是以实践为基础的，但在有了实践经验之后，人们不直接进行实践仍然可以进行思维中的综合，而且这种思维中的综合对以后实践还可以起到指导作用。

例如，人们经过深入的分析，了解到细胞中的细胞膜、细胞质、细胞核各自的功能、特性，但这还不够，人们还需要了解这三个部分是怎样有机地组合起来的。人们终于发现，细胞从其结构来看，是由一种复杂的膜系统联系在一起，这些膜把细胞基本上分成三个部分。一部分是细胞质和核质，它们通过核膜上的小孔互相联系，另一部分是管道系统，它使内质网腔与核膜间区彼此相连；还有一部分就是膜本身。这三部分彼此联系着，使细胞膜、细胞质和细胞核在形态和功能上形成一个完整的统一体。这就是对细胞结构的综合，有了这种综合，人们对细胞的认识就更深入了一步。

在写作中经过了深入分析之后，也必须有一个综合过程。例如《中国社会各阶级的分析》一文，最后一段就是前面所做分析的综合。文章说：

> 综上所述，可知一切勾结帝国主义的军阀、官僚、买办阶级、大地主阶级以及附属于他们的一部分反动知识界，是我们的敌人。工业无产阶级是我们革命的领导力量。一切半无产阶级、小资产阶级，是我们最接近的朋友。那动摇不定的中产阶级，其右翼可能是我们的敌人，其左翼可能是我们的朋友——但我们要时常提防他们，不要让他们扰乱了我们的阵线。

经过这一综合，就更深入全面地认识了中国社会，也就明确了“谁是我们的敌人？谁是我们的朋友？”这一革命的首要问题。这样就可以团结真正的朋友以攻击真正的敌人。

《反对自由主义》一文在分析了自由主义的十一种表现形式及其造成的危害和产生的根源之后，也进行了综合：

> 自由主义是机会主义的一种表现，是和马克思主义根本冲突的。它是消极的东西，客观上起着援助敌人的作用，因此敌人是欢迎我们内部保存自由

主义的。自由主义的性质如此，革命队伍中不应该保留它的地位。

这样就使读者加深了对“自由主义”这种消极因素的认识，也加深了对“一切忠诚、坦白、积极、正直的共产党员团结起来，反对一部分人的自由主义倾向”这一思想战线的任务的认识。

第四节 简单枚举归纳推理和完全归纳推理

当人们有了一定的关于某类对象的感性认识材料，就可以依据这些材料进行归纳推理。最简单的一种归纳推理就是简单枚举归纳推理。这种推理是通过观察和实验，依据所观察到的那一部分对象具有某种属性，推出那一部分对象所属的整类对象都具有某种属性，不过它要求在观察的过程中一定不出现反例。这种推理的公式可表述如下：

所观察到的s都是p，
在观察过程没有出现一次反例，　（前提）

所以，所有的s都是p。　（结论）

例1.所观察到的河豚，其肝脏、生殖腺和血液都含有剧毒，
在观察的过程中没有出现一次反例，

所以，所有河豚的肝脏、生殖腺和血液都含有剧毒。

过去时常听到有人吃河豚而中毒死亡的事件，人们观察到河豚并非全身有毒，只是在它的肝脏、生殖腺和血液部分有剧毒，其余部分仍可食，甚至味道还很鲜美，不过要注意别让肝脏等处的毒汁流入了其他部位。人们虽然并没有将所有的河豚都打捞起来观察一下，但根据已发生的中毒事件和已观察到的材料，就能推出所有河豚的肝脏、生殖腺和血液都含有剧毒。

再例如，19世纪中叶，一个名叫施瓦布的德国业余天文学家，经过对太阳进行艰苦的逐日观察，宣布了一项重大发现：太阳是一个自行变化的星球，每11年左右有一次大的活动期。在活动期内，太阳黑子出现频繁，然后活动逐渐下降，11年后活动量又急剧上升。在所观察的时期内，循环往复，都是这样。施瓦布宣布这一发现之后，人们经过仔细检验，发现太阳的确每隔11年左右有一次大的活动期，而且没有出现相反的情况，因此进一步证实施瓦布的发现是正确的。这个推理是这样构成的：

例2. 在所考察的时间内，太阳都是每隔11年左右有一次大的活动期，

在所观察的时间内没有出现反例，

所以，太阳每隔11年左右就有一次大的活动期。

这两个例子都是运用了简单枚举归纳推理。这种推理

结论的可靠程度为前提中观察到的s的数量所决定。观察到的数量越多，结论就越可靠。例如，在施瓦布发现太阳黑子活动规律之后，每隔11年检验一次，一直到1947年、1958年、1969年和1980年，这一现象都照常出现，没有出现一次反例。

不过，也有人对此提出过反对的意见。1894年英国天文学家蒙德尔（Maunder）发现，在公元1645年至1715年的70年中，太阳上几乎没有黑子活动。后来人们就将太阳活动的这个时期称为“蒙德尔极小期”。1976年，美国天文学家埃迪（Eddy）提出太阳活动的11年周期只是在最近二三百年才有，在蒙德尔极小期内就不存在的理论。但是，埃迪的理论被我国天文学家所推翻。我国天文学家根据我国近两千年来的黑子活动的记录，发现太阳黑子活动始终都存在11年的周期。从公元前165年至公元1884年中，统计出黑子活动周期为10.42年，其中就包含蒙德尔极小期。正是在那70年中，我国已初步找到15次极光与8次黑子记录。黑子记录为1637年5月，1674年4月，1656年2月，1665年1月，1673年4月，1684年2月，1709年6月，1732年4月。它们具有约11年的周期。这一发现，就将蒙德尔和埃迪的理论驳倒了。并且这一发现又增加了对s观察的数量，“太阳每隔11年左右就有一次大的活动期”这一结论的可靠性也就大大加强。不过，即使如此，由于这个结论是靠简单枚举归纳推理得来的，它仍然具有一定的或然性，因为人们还没有找到它之所以这样的内在原因，人们仍可以怀疑，在公元前165年之前太阳是否存在这一周期，以及在公元2024年以后是否还会出现这一周期，它还需要继续接受实践的检验，进一步加以证实。

简单枚举归纳推理要求在观察过程中不要出现反例。因为简单枚举归纳推理得出的结论是一个全称命题，一旦出现一个相矛盾的特称命题，那么前面那个全称命题的真实性就要受到怀疑。假如前面所说的蒙德尔极小期是确实存在的，那么，太阳黑子活动的11年周期律的真实性就要受到怀疑。所以，有无反例问题是进行简单枚举归纳推理所必须认真考虑的问题。

简单枚举归纳推理不仅在科学研究中得到运用，而且在日常生活中也经常得到运用。初中语文教材中说明文《看云识天气》:

> 云就像天气的“招牌”，天上挂什么云，就将出现什么样的天气。
>
> 经验告诉我们：天空的薄云，往往是天气晴朗的

象征，那些低而厚密的云层，常常是阴雨风雪的预兆。这些，实际上都是人民群众根据生活经验运用简单枚举归纳推理推出的。人民群众还往往将这些经验编成谚语，如课文中就讲：“日晕三更雨，月晕午时风”“东虹轰隆西虹雨”“朝霞不出门，晚霞行千里”，等等。这些都是大量经验事实的概括，一般还是比较可靠的。渔民、农民往往依据这些经验概括的规律办事。但另一方面，它终究是用简单枚举归纳推理推出的结论，总带有某种或然性，也就是说它仍可能出现一些例外的情况，这是在运用这些谚语时不得不注意的。

虽然简单枚举归纳推理的结论具有或然性，使用起来具有相当大的局限性，但只要人们对此有一定认识，对它的结论辅之以其他的验证方法，它仍不失为在一定程度上有效的推理方法。在科学发现的过程中，科学家往往第一步先使用简单枚举归纳推理提出一个假说，然后再加以验证。因此，我们固然不能过分夸大它的作用，但也不能过分贬低它的作用，更不能将它看作是一个完全无用的、甚至往往将人引入歧途的方法。

前面已经讲到，简单枚举归纳推理结论的可靠性是依靠观察到的s的数量来支持的，观察到的s的数量越多，结论也就越可靠。假定s类的分子（即这一类的个体事物）

是无穷的或是非常非常多的，所观察到的s不能穷尽s类的全部分子，这个结论虽然越来越可靠，但总不能达到绝对可信。假定s类的分子是有限的而且是比较少量的，人们可以经过一段时间穷尽对它的观察，这时观察到的s跟s类的全部分子数相等，推理的性质就会产生一个质的飞跃，它由真实的前提就必然推出真实的结论，它的结论的知识范围完全包括在前提知识范围之中，如果断定其前提而否定其结论，就一定会产生矛盾。这就具有了演绎推理的特征。我们将这种推理称之为完全归纳推理。

例如，假定某大城市纺织工业系统一共有30个工厂，经过逐个调查，在2015年11月底以前都已超额完成了本年度生产计划，于是我们可以得出结论：某市纺织工业系统在2015年整个提前超额完成本年度生产计划。这就是一个完全归纳推理。

完全归纳推理的优越性在于它推出的结论十分可靠，缺点在于它只适用于对象有限的类。而从推理的过程看，它仍具有从特殊到一般这种过程的性质。

第五节 因果联系和因果推理

一 什么是因果联系

因果联系是客观事物普遍联系与相互制约的重要形式之一。原因和结果是密切联系着的。所谓原因，就是引起另外一种现象的现象；所谓结果，就是由原因所引起的那种现象。例如，水加热到100℃，就会变成蒸汽，水加热就是产生蒸汽的原因，水变成蒸汽就是水加热的结果。因果联系具有普遍的性质，就是说，世界上一切事物都是由一定原因产生的，一切事物的发展又必然引起一定的结果。不可能找到一种无原因的事物或现象，也不可能找到一种不产生某种结果的现象。作为原因的各种特定条件一旦具备，就一定会产生特定的结果。

因果联系往往具有时间上的顺序性，即原因在前，结果在后，原因之前还有原因，结果之后还有结果。不过，要注意，因果联系虽然具有时间上的顺序性，但是并非具有时间顺序性的事物都有因果联系。黑夜继白天而来，但白天不是引起黑夜的原因，黑夜也不是由白天所引起的结果。

因果联系是非常错综复杂的，事物之间相互联系，相互制约，一个事物的发展有其主要的原因，但其他因素也对该事物的发展产生一定的影响。例如，上述水加热到100℃时，就出现沸腾观象，水变成蒸汽，但它要受一定条件的制约，即外界压强正好是一个大气压。同样的水，在不同的外界压强下，沸点也不相同，压强增加，沸点升高，压强减弱，沸点降低。如水在两个大气压下的沸点为120℃。由此可见，外界压强对水的沸腾、汽化也产生一定的影响。

从事科学研究的人，就要善于从纷繁的现象中抓住促成结果产生的主要原因。这就要求，在对现象进行观察和实验的过程，能创造一定的条件，排除一些不必要的外部因素，使事物的主要因果联系显现出来。

二　因果推理的方法（弥尔五法）

因果联系是客观事物本身具有的联系，人们在实践的基础上是可以认识这些联系的。即使由于条件限制，对某些现象的因果联系一时还认识不到，但随着条件的改变和科学的发展，到一定时候，人们总可以对它有所认识。人们认识了事物因果联系之后，就可以依据它进行推理，从个别、特殊的前提推出一般性的结论。这种通过探求事物因果联系而进行的推理，就称之为因果推理。对因果推理，19世纪英国逻辑学家弥尔（穆勒）曾提出五种方法：求同法、求异法、求同求异并用法、剩余法、共变法，一般称为弥尔五法。

下面分别介绍这五种方法。

1. 求同法

求同法，也称契合法，它是指如果出现某一现象的两个或更多的情况仅仅具有某一个共同的因素，那么，这个共同的因素就可以看作那个现象的原因或结果。换句话说，就是人们在研究某一现象时，每一次都观察到一个共同的因素，人们就有理由推出这个现象与这一因素有因果联系。反之，如果在研究某一现象时并不是在所有的场合都出现某个因素，人们就可以推出所研究的现象与那个因素之间没有因果联系。我们用下述表格来表示求同法的推理过程：

例证	先行因素						现象
1	A	B	C	D	E	F	a
2	A		C	D		F	a
3	A	B		D	E		a
4	A		C		E		a
5	A		C			F	a
6	A			D	E	F	a

通过考察这六个例证，人们发现在先行的因素中只有一个在每一个例证中都出现，那就是A，而在这六个例证中都有a这个现象作为结果，人们就可以推出A是a的原因。

例如，假定某中学某班上午上课时突然有六位同学出现严重腹痛腹泻现象，教师经过调查发现这六位同学其余条件不相同，只有一点相同，就是他们早上进校前都在校门口附近的小吃店里吃了某种早点，于是教师就有理由推出这六位同学出现腹痛腹泻现象与早上吃了小吃店的某种早点有关。这就是运用了求同法。

求同法用公式表示如下，其中大写字母表示条件，小写字母表示现象，箭头表示由某种条件引起某种现象：

ABCD→abcd

AEFG→aefg

所以，A与a有因果联系。

人们发现黄曲霉菌是引起癌症的病因之一，也是运用了求同法。

早在1960年，英国某农场在几个月内，有10万只火鸡和小鸭由于吃了一种长了霉的花生而死亡。后来用这种花生喂羊、猫、鸽等，发生了同样的后果。1963年，有人又在动物实验中观察到，用发了霉的花生饲养的大白鼠出现了肝癌，而且出现得相当早，时间最短的仅需四个月。动物实验证明，用这种发了霉的花生喂鱼、雪貂和羊也可以产生肝癌。进一步实验，还证明发霉的花生不仅可以引起肝癌，还可以引起多种恶性瘤。经过化学检验，发现发了霉的花生是被一种黄曲霉菌所污染。人们由此推出，发了霉的花生中的黄曲霉菌是引起动物发生癌症的原因。

事也凑巧，人们又运用求同法发现了征服黄曲霉菌毒魔的武器。

湖南省粮油科研所、湖南医学院等五个单位，自1976年以来，从224种可能防霉去毒的中草药中，通过试验选筛，最后发现山苍子芳香油的去毒效果良好。大量的试验证实：将黄曲霉毒素的标准样品直接浸入山苍子油中，毒素竟化为乌有；含毒素超过国家标准20倍的玉米，一经芳香油处理，毒素即全部解除。粮仓中的霉变稻谷，即令含毒量超过标准10倍、25倍，用芳香油熏蒸后，毒素也能降至国家标准以下。由此可见，利用山苍子芳香油可以征服黄曲霉菌这个毒魔。

对于社会现象，也可以运用求同法来探求其中的因果联系。例如毛泽东同志的《学习和时局》一文，总结了我党历史上遭到的几次损失和失败的教训。文章说：

我党历史上曾经有过几次表现了大的骄傲，都是吃了亏的。第一次是在一九二七年上半年。那时北伐军到了武汉，一些同志骄傲起来，自以为了不得，忘记了国民党将要袭击我们。结果犯了陈独秀路线的错误，使这次革命归于失败。第二次是在一九三〇年，红军利用蒋冯阎大战的条件，打了一些胜仗，又有一些同志骄傲起来，自以为了不得。结果犯了李立三路线的错误，也使革命力量遭到一些损失。第三次是在一九三一年。红军打破了第三次“围剿”，接着全国人民在日本进攻面前发动了轰轰烈烈的抗日运动，又有一些同志骄傲起来，自以为了不得。结果犯了更严重的路线错误，使辛苦地聚集起来的革命力量损失了百分之九十左右。第四次是在一九三八年。抗战起来了，统一战线建立了，又有一些同志骄傲起来，自以为了不得，结果犯了和陈独秀路线有某些相似的错误。这一次，又使得受这些同志的错误思想影响最大的那些地方的革命工作，遭到了很大的损失。全党同志对于这几次骄傲，几次错误，都要引为鉴戒。近日我们印了郭沫若论李自成的文章，也是叫同志们引为鉴戒，不要重犯胜利时骄傲的错误。

我党历史上所遭到的几次损失和失败，是处在几种不同的历史条件，但都出现了同一因素，即有一些同志骄傲起来，自以为了不得，根据求同法，可推出有的同志骄傲起来是造成革命遭到损失和失败的原因。文章又引证了李自成在明朝末年领导农民运动失败的教训，进一步证实了上述结论的普遍性。由此说明“为了争取新的胜利，要在党的干部中间提倡放下包袱，开动机器”。

应注意因果推理中的求同法与前面所说的简单枚举归纳推理是不同的两种方法。简单枚举归纳推理是根据列举某些事物具有某种属性，从而推出某些事物所属的某类事物都具有某种属性，结论是一个直言命题。求同法是依据某些现象所出现的环境中都具有某一共同因素，从而推出某些现象所属的某类对象都具有某一共同因素，也就是说某类对象与某一共同因素有因果联系。结论可以是一个复合命题。

求同法是探求因果联系的一种比较初级的方法。其结论的可靠性比简单枚举归纳推理要大。但比其他因果推理的方法要小。

2. 求异法

求异法，也称差异法，它是指在两种或两类场合，各项条件基本相同，只有一个因素不同，前一场合具有此一因素，后一场合不具有此一因素，这样两种场合出现了两种相反的结果。因此推出，这一因素就是这一结果的原因。反之，如果在两种场合中，不管具有或不具有那个因素，都出现相同的结果，则说明该因素不是这一结果的原因。

我们用下述表格来表示求异法的推理过程：

例证	先行因素	现象
1	ABCDEF	a
2	BCDEF	—

通过考察这两种场合，BCDEF等条件完全一样，第一种场合有A因素，就出现a现象，第二种场合没有A因素，就不出现a现象，人们就可据此推出A是a的原因。

例如，假定上述学生食物中毒事件发生后，教师在学生中进行调查，发现除那六位中毒的学生外，还有四位同学在该小吃店吃了早点，但他们吃的不是六位中毒学生吃的那种早点，而是另一种早点，这四位同学没有发生食物中毒现象。于是教师就更有把握地推出，学生的腹痛腹泻现象跟吃某店的某种早点有关。这就是运用的求异法。

求异法用公式表示如下：

ABCD→abcd

BCD→ bcd

所以，A与a有因果联系。

再如，蜂王与工蜂都是雌蜂，在卵期及幼虫期完全相同，从孵化后第三天起，工蜂对将来成为蜂王的幼虫喂以大量的王浆，它就发育成蜂王，其余的幼虫很少喂王浆，而大量喂花粉和蜂蜜，这样它们就成为工蜂。由此可见，大量吸食王浆是使雌蜂成为蜂王的极为重要的因素。

又如，新华社1979年12月10日的一篇报道《森林保护不同，雨水气候两样》：

> 江西省永新县总面积1900多平方公里。按照历史习惯，划为东南西北四个片，称其为东南西北四乡。
>
> 去年江西省遭到了几十年罕见的大旱。然而奇怪的是旱得最严重的七、八、九三个月份，这个

县的东南两乡，降雨总量最高为439.4毫米，最低为203毫米，而西北两乡最高为197.4毫米，最低为172.7毫米。当西北两乡的很多地方泉水枯竭、小溪断流的时候，东南两乡的许多山泉、小溪却清水潺潺，长流不断，滋润着大片农田。最近，这个县在讨论农业基本建设时提出，为什么同一小县，气候差异竟这样大？大家讨论来讨论去，认为最主要的不同是山上没有大面积林木。东南两乡共有30多万亩老林，这些老林得到了较好的保护，新造的20多万亩也大都郁茂成林。据林业部门测算，一亩有林地比光山秃岭起码要多蓄水20立方米。这样，东南两乡的一片森林，就形成了无数个“绿色水库”。

西北两乡则相反，10多万亩老林由于连年砍伐，树木越来越少，有的成了灌木林和残次林。9万多亩新林有2/3长得不好，而且还有10多万亩剥皮山和草不盈尺的荒山没有绿化。因此山地的蓄水量远远不如东乡和南乡。人们从对比中得到启示：在抗旱保丰收的这场斗争中，从长远着眼，“绿色水库”比人工水库还可靠，生物措施比工程措施前景更加广阔。这场讨论使永新县委领导农业的思想产生了一个重大飞跃。为此，县委采取果断措施，加快林业生产的发展，……

中共永新县委就是运用求异法对比了东南两乡与西北两乡情况，它们各项自然条件基本相同，只有一点不同，东南两乡护林、育林工作抓得好，而西北两乡老林连遭砍伐，新林长得不好，结果是旱得最严重的七、八、九三个月份，东南乡不缺雨水，西北两乡却遭到严重干旱。由此可见，护林、育林是保护水源的一个重要原因。记者也是采取求异法来写这篇报道的，文章很有说服力。

有时在文章中为了简便起见。运用求异法时不一定列举出许多具体事例，而只对两种对立的情况予以概述。但这类事例必须为读者所熟悉、所公认。例如毛泽东同志在《论人民民主专政》一文中，证明了人民民主需要工人阶级的领导，就说：

整个革命历史证明，没有工人阶级的领导，革命就要失败，有了工人阶级的领导，革命就胜利了。在帝国主义时代，任何国家的任何别的阶级，都不能领导任何真正的革命达到胜利。中国的小资产阶级和民族资产阶级曾多次领导过革命，都失败了，就是明证。

要注意求异法与求同法的区别。求同法是异中求同，它要求在各种场合中各项条件应该基本不同，只有一个因素相同，而出现相同的结果。求异法则是同中求异，在两种场合中各项条件应该基本相同，只有一个因素不同，而出现不同的结果。由于求异法中有正反条件的对比，所以结论比求同法的更为可靠。

3.求同求异并用法

求同求异并用法可以解释为求同法与求异法两种方法的综合使用。求同求异并用法不能只是两个事物的比较，而必须是两组事物的比较。两组事物应该是这样：

例证		先行因素	现象
甲组	1	ABCD	a
	2	AEFG	a
	3	AHIJ	a
乙组	4	BCD	—
	5	EFG	—
	6	HIJ	—

这里例证1、2、3，可以算甲组，4、5、6，可以算乙组，乙组是甲组的对照组。在1、2、3例中，先行因素只有A是共同的，结果都出现a这个现象。而在4、5、6例中，先行因素应该跟1、2、3例有个对照，在1、2、3例中，有

BCD，EFG，HIJ，在4、5、6例中，同样有BCD，EFG，HIJ，只是在1、2、3例中有A，而在4、5、6例中无A。而1、2、3例中都出现a，但在4、5、6例中都不出现a这个现象。由此可以推出，A是a的原因

求同求异法的公式表述如下：

ABC ⟶ abc	BC ⟶ bc
ADE ⟶ ade	DE ⟶ de

所以，A与a有因果联系。

例如，我们对这么两组人进行观察：甲组由五人组成，其中一个医生、一个教师、两个工人、一个大学生，这些人的共同点，是都爱好体育运动，每天都要从事某种体育锻炼一小时；乙组也是由五人组成，成员跟甲组完全一样（不仅工作和学习一样，连年龄也基本一样），这些人的共同点，是都不爱好体育运动。结果发现甲组成员的每分钟脉搏和呼吸次数都较常人为少，而他们的肺活量则较常人为大，乙组成员每分钟脉搏和呼吸次数都比上述运动爱好者多，而肺活量却比上述运动爱好者小。由此，我们可以得出结论，积极参加体育运动是使人脉搏和呼吸次数减少和肺活量增大的原因。这里就是使用了求同求异并用法，因为从甲组与乙组的对比来看，是同中求异，即运用了求异法，而在甲组本身或乙组本身来说，又同时是异中求同，

即运用了求同法。

再如，有一种鱼叫大马哈鱼（也叫鲑鱼），这种鱼在生长过程中出现一种很有趣的现象，即它们一定是“少小离家老大回”。大马哈鱼在江河湖泊的上游沙砾质江底掘穴产卵，卵变成小鱼就会顺江而下游入大海，它们在海洋中长成大鱼，四年后成熟，雄鱼雌鱼又相约溯江而上，一直到它们的故乡，然后产卵，亲鱼死亡，小鱼出生后又顺江而下，四年后又返回故乡，循环往复，代代如此。科学家对此感到非常奇怪：这些鱼是怎样找到回故乡的路的？他们做过多种试验，其中一种试验是考察这些大马哈鱼是否依靠嗅觉返回故乡。于是科学家在江河入海处捞起一些鱼，分成两组，都做上记号，甲组鱼都将鼻子塞上，乙组鱼不塞鼻子，然后又将这些鱼放回水里。这些鱼都往江的上游游去，结果，没有塞鼻子的都游回了它们的故乡，而塞了鼻子的很多都游错了，进入别的河道水汊。科学家由此推出，大马哈鱼返回故乡主要是依靠它们鼻子的嗅觉。科学家后来又进一步做试验。他们选择了一批幼鱼，分成两组，甲组幼鱼都放到某种有强烈气味的溶液中浸泡一下，乙组幼鱼则不放下去浸泡，两组鱼分别做上记号，然后放入水中，让它们顺江而下，去到海洋，四年以后，当成熟的鱼开始出现在江河下游时，科学家将当年那种具有强烈气味的溶液在江河中沿途分洒，溶液不是洒到它们的故乡，而是洒到另一个湖泊中，最后发现凡是当年在溶液中浸泡过的鱼，现在都来到溶液洒到的湖里，而那些没有在溶液中浸泡过的鱼，则不为溶液的气味所惑，依旧回到了它们的故乡。通过这两次试验，科学家进一步肯定，大马哈鱼返回故乡，主要是依靠它们的嗅觉。这里两次试验的方法都是运用的求同求异并用法。

求同求异并用法，不同于单纯的求同法和求异法。不同于求同法比较明显，这主要在于求同法中不考虑正反例的比较，而求同求异并用法则要考虑正反例的比较。求同求异并用法也不同于单纯的求异法，这就在于前者在运用求异法的同时还要运用求同法。由此可见，求同求异并用法是比求同法与求异法更为复杂的一种方法，它们结论的可靠性也比后者为高。在科学实验中，科学家经常强调要有对照组，正是为了使结论更为可靠。例如，我国专门研究人体微循环现象的医学科学家修瑞娟，当她去美国学习不久，在向导师汇报完阶段实验的结果以后，就向导师海瑞斯提出："应该加一个对照组做实验，也就是说，除了现在的患高血压的两组大白鼠，再有一组正常的大白鼠，这样一比较才能有说服力，否则，说服力不够。"修瑞娟的建议立即为导师所采纳。她的建议，从逻辑上说，就是要求采用求同求异并用法，而不是单纯采用求同法。

4.剩余法

剩余法是通过观察，发现现象T是现象S所产生的结果，在现象S中有A、B、C三个部分，在现象T中，有a、b、c三个部分，经过分析知道A与a有因果联系，B与b有因果联系，由此推出C与c有因果联系。用公式表示就是：

$$
\begin{array}{l}
ABC \longrightarrow a, b, c \\
\quad A \longrightarrow a \\
\quad B \longrightarrow b \\
\hline
\text{所以，} C \longrightarrow c
\end{array}
$$

例如，1821年，巴黎的布瓦发表了包括天王星在内的行星运行表。但在准备这个行星运行表时，他遇到了很大的困难，那就是根据天王星发现以来所直接观察到的运行轨道，与根据1800年以来已经掌握的各种行星对天王星的引力所计算出来的天王星运行轨道，两者不相符合。到1844年，这种不符合的程度相差到弧度2分。由于其他行星的运行轨道都符合这个运行表，因此，天王星的这种运行轨道不符合运算结果的问题，引起了很大的争论。1845年，一位年轻的天文学家勒维烈核对了布瓦的计算，发现他的计算完全正确，因此，他认为对这个问题的唯一满意的解释就是在天王星之外某处还存在一颗行星，它影响了天王星的运行。1846年，他完成了他的计算。9月他写信给柏林天文台的盖勒，要求盖勒在天空的某个区域注意观察和寻找一颗新的行星。9月23日盖勒开始他的寻找，不到一个小时，他就找到一个在他的行星图上没有列出过的物体，第二晚这个物体的位置出现了明显的移动，于是一颗新的行星被发现了，是在勒维烈所预言的地方相差不到一度的地方发现的，这颗行星被命名为海王星。这一发现是数理天文学中的一个重大成就。后来，人们又用同样的方法发现了太阳系离太阳最远的一颗行星，即冥王星。

这一发现过程主要是运用了逻辑上的剩余法，即已知B、C等行星对天王星运行轨道所产生的影响，设为b、c等，但天王星运行轨道中还有一个a的现象不能解释，从而推出，在其他的行星中一定还有一个未知的A对它产生影响。这个未知的行星是A，就是海王星。

要注意将剩余法与演绎推理中的选言推理否定肯定式区别开来。选言推理否定肯定式是先找出所有可能的因素，然后逐个加以排除，剩下唯一的一个因素就是所要肯定的因素。剩余法并不是排除一些可能但非真实的因素，而是在确定一组组相应的因果联系之后，断定剩下一组必然也存在因果联系。

有人认为可以将剩余法归于演绎推理一种类型，它不是归纳推理，理由是如果材料全面，分析精确的话，它的结论一定真实。我们认为虽然它跟上述几种归纳推理有一些区别，如求同法，求异法，以及求同求异并用法都必须要检验两个以上的情况，而剩余法只需一种情况：前三法前提不可能穷尽一切可能的情况，剩余法则要求前提中穷尽了一切可能的情况，但是剩余法终究是经验的方法，它在结论被实践检验之前，不能确定材料一定全面，分析一定精确，因此，结论仍带有或然性。如上述勒维烈关于行星位置的计算，后来发现跟实际测得的行星的位置相差约一度，原因就在于天体中还有其他未知因素的影响，未能预测估计到。我们认为剩余法仍是一种归纳推理。而且从实际运用的角度来看，由于因果联系相互影响，很难从复杂的因果联系中非常清楚地分析出单一的因果联系，也就是说从ABC这一组原因与abc这一组结果中，很难确定地分析出A与a，B与b，C与c的因果联系，而不出现A对b，B对a，C对b的交互影响。这样，这种方法在使用上要受到相当大的限制。在弥尔五法中，相对来说，剩余法是使用得比较少的。

5.共变法

上述四种方法有一个共同的特点，就是它们都可以归之为“质”的推理，它们都是考虑某一个因素的“有”或“无”及其对结果的影响，而不考虑某一个因素的量的变化对结果的影响。例如，求同法主要考虑有A就有a，求异法则考虑有A时有a，无A时就无a，求同求异并用法也是如此，剩余法则考虑有ABC就有abc，再分别考虑有A时有a，有B时有b，有C时有c。总之是根据“有”与“无”而进行的推理。如果某一因素总是有，不可能无，根据上述方法，进行推理就会有困难。而弥尔的第五种探求因果联系的方法——共变法则弥补了这方面的缺点。共变法是根据一组先行因素中某一因素出现量的变化而另一现象也出现相应的量的变化，从而推出，这个具有量的变化的先行因素就是也具有量的变化的现象的原因。用公式表示就是：

$ABC \longrightarrow abc$

$A^{+}BC \longrightarrow a^{+}bc$

$A^{-}BC \longrightarrow a^{-}bc$

所以，A与a有因果联系。

例如，物理学家要研究热的本质。他们发现，物体都是由大量的实物粒子组成的。这些实物粒子（分子、原子等）时时刻刻都在不停地做无规则的运动。这种运动越激烈，由这些粒子组成的物体就越热，也就是说温度越高；当这种粒子的运动相对稳定时，物体的温度也就相对降低。由此可见，实物粒子的无规则运动的激烈程度与物体的温度高低有因果联系。

共变法主要是根据事物量的变化所产生的反应进行推理，但是任何事物的数量变化都是有一定限度的，超过一定限度，事物就会出现质的变化。如实物粒子的无规则运动，其激烈程度就有一定的限度，不可能无止境地发展下去，相应地物体的温度也不可能无止境地升高（当然，也不可能无止境地降低），因此，运用共变法一定要考虑事物的度。

根据共变法的原理，我们可以看出：当两个具有数量变化的事物或现象缺乏共变关系时，也就否定了二者有因果联系。例如毛泽东同志在《矛盾论》中批驳资产阶级关于国家发展的"地理决定论"时说：

> 许多国家在差不多一样的地理和气候的条件下，它们发展的差异性和不平衡性，非常之大。同一个国家吧，在地理和气候并没有变化的情形下，社会的变化却是很大的。帝国主义的俄国变为社会

> 主义的苏联，封建的闭关锁国的日本变为帝国主义的日本，这些国家的地理和气候并没有变化。长期地被封建制度统治的中国，近百年来发生了很大的变化，现在正在变化到一个自由解放的新中国的方向去，中国的地理和气候并没有变化。整个地球及地球各部分的地理和气候也是变化着的，但以它们的变化和社会的变化相比较，则显得很微小，前者是以若干万年为单位而显现其变化的，后者则在几千年、几百年、几十年、甚至几年或几个月（在革命时期）内就显现其变化了。

这里指出了在地理和气候不发生变化的情况下，国家制度却发生巨大的变化，由此说明地理、气候与国家发展不存在共变关系，因此，也不存在因果联系。文章用这种方法直接驳斥了资产阶级的“地理决定论”。

三 因果推理在认识中的作用

上述五种因果推理的方法在日常生活中和科学研究中得到广泛的运用。这些方法之所以受到重视，是由于它们结论的可靠程度较之简单枚举归纳推理要高得多。为什么这些方法得出的结论可靠程度要高呢？那是因为其中参与了一定的演绎推理的因素。

例如运用求同法，我们不可能将一切先行条件全部考虑到，为此，在推理时不得不补充这么一个假设，即原因一定包含在所考虑的前提之中。假定我们是在两种场合中来探寻原因：

第一种场合：ABCD ⟶ abcd

第二种场合：AEFG ⟶ aefg

当我们运用求同法求出A是a的原因时，实际上补充了这么一个隐含的前提：原因就在A、B、C、D、E、F、G之中，也就是说原因或者是A，或者是B，或者是C，或者是D，或者是E，或者是F，或者是G。如果E是a的原因，那么当E不出现的时候a也不能出现，但在第一种场合没有E出现却有a出现，由此可见，E不是a的原因；同理推出F和G也不是a的原因。再看第二种场合，同样推出B、C、D不是a的原因，这样在A、B、C、D、E、F、G七种可能的原因中，排除了六种，由此推出A是a的原因，这显然是演绎推理的一种，即选言推理的否定肯定式。如果前提是真实的，结论也就必然是真实的。

但是为什么我们不将求同法归于演绎推理的形式呢？就在于它的前提本身带有或然性，也就是说它并没有将一切先行条件全部考察完，它没有把握绝对地说原因就在A、

B、C、D、E、F、G之中。而在一个选言前提没有穷尽一切可能性的情况下，运用否定肯定式不能保证一定推出真实的结论，这样结论仍具有一定的或然性，从具有或然性的前提推出具有或然性的结论，这仍应归于归纳推理。但是这种参与了演绎推理成分的归纳推理，较之不参与演绎成分的归纳推理，其结论的可靠性还是要高一些，因此，它不失为一种科学的方法。弥尔的其余四法性质也是如此。在自然科学的发展史上，运用弥尔的因果推理五法得出科学的结论，还是不乏其例的。一直到今天，它仍然具有一定的认识作用。

不过，它既然是一种归纳推理，就是说它仍有推出不真实结论的可能性。其原因就在于我们观察现象的片面性与表面性。例如假定某人爱在吃晚饭时看电视，饭后往往出现胃痛的现象，他回想起来：

第一天，晚饭时吃了米饭、白菜、炒鸡蛋，同时看电视，晚饭后出现胃痛现象。

第二天，晚饭时吃了馒头，稀饭，菠菜，炒肉丝，同时看了电视，晚饭后出现胃痛现象。

第三天，晚饭时吃了面条，烙饼，烧鱼，油炸花生米，同时看了电视，晚饭后出现胃痛现象。

依据求同法，先行因素中，其他条件都不同，只有一点相同，即吃晚饭时都看了电视，结果都出现晚饭后胃痛。由此可见，看电视与胃痛有因果联系。但是，这种推理是极不可靠的，因为在讲前提条件时，我们列举了很多因素，都是从质的方面列举的，而未从量上列举。很可能有这种情况，这个人每次晚餐吃东西都过饱，从而引起消化不良，于是胃痛，这样胃痛与看电视毫无关系。这里运用求同法，表面上正确，实际上不正确，它遗漏了一个极为重要的先行条件，而误将别的偶然同一的事件看作原因。这就要求我们运用弥尔五法时慎之又慎。

对因果推理，曾经有人从不同的角度予以批评。一种批评是否定因果联系的客观存在，至少否定因果联系的普通性，如认为微观粒子就不受因果关系的制约。有人将因果联系只看作是各个思想之间的联系，而不是实在的事物之间的联系。有的则将事物质的因果联系完全归结为量的函数关系，如两个变量x和y，y=f（x），y就是x的函数。这种观点既然否定了因果联系的客观存在，也就否定了探求因果联系的可能性和必要性。这种观点跟马克思主义哲学是直接对立的，因为马克思主义认为，事物之间的因果联系是客观的和普遍存在的，思维中的因果联系只是客观的因果联系在思维中的反映，函数关系只在量的方面表现事物的因果联系，它不可能全面地表达出因果联系的丰富内容。由此可见，这种批评是要彻底否定因果推理的客观基础。否定了因果推理的客观基础，也就否定了因果推理。这种批评从马克思主义哲学观点看来，是根本不能接受的。

另一种批评是对整个归纳推理的合理性表示怀疑，从而也对因果推理的合理性表示怀疑。其理由就是人不可能从个别中了解一般，从过去与现在知道未来，因果推理正是要从个别的事例中寻求一般的规律，从已有的有限的知识去推出未来的无限的知识，这种结论是极不可靠的。对这种批评，马克思主义只有以人的社会实践和人的认识相对性与绝对性的对立统一来给予驳斥。马克思主义认为个别中包含着一般，人的认识总是由相对真理向绝对真理不断深化的过程。这正是归纳推理的认识论基础，因此对归纳推理包括因果推理的这种怀疑是没有根据的。

第三种批评是认为事物的本质是极其复杂的，人的认识越来越深入，这不仅表现在认识的内容上，也表现在认识的方法上。弥尔五法只是适应于18、19世纪科学发展水平的方法，是一种比较简单的方法，已不太适应当前科学发展的需要。这种批评有它合理的地方。确实，随着科学认识内容的发展，科学认识的方法也在发展。现在各门科学出现了不少新的认识方法，逻辑科学应该加以概括、提炼。但是，因果推理仍不失为一种有用的科学的方法，它可以帮助人们初步地探寻事物间的因果联系，人们依靠它可以认识一定的规律性，特别是将它与演绎推理结合使用时，结论不仅比较可靠，而且可以达到相当的深度。所以，弥尔五法作为归纳推理中的一个组成部分，仍然是有用的。

作为语文教师，引导与培养学生科学思维的能力，使学生学会把零散的、具体的知识归纳起来，找出事物的内在的因果联系，得出一般的结论，这仍然是一个非常重要的课题。例如《故都的秋》中有这样几个排比："秋的味、秋的色、秋的意境与姿态""看不饱，尝不透，赏玩不到十足""北国的秋，却特别地来得清，来得静，来得悲凉"。教师可以引导学生发现，这里的每个排比，都将较长的语言片段放到最后，从而归纳出运用排比的一般规律。

第六节 典型分析归纳推理

上述一些归纳推理的形式都有一个共同的特征，即收集的同类的例证越多，结论的可靠性越大。但是，由于各种条件的限制，人们不可能收集到那么多同类的事例，而且，即使收集了很多同类的事例，如果没有对个别的事例进行深入的分析，也不可能获得对某类对象的本质和规律的认识。正如恩格斯在《自然辩证法》的札记中所说：

> 蒸汽机已经最令人信服地证明，我们可以加进热而获得机械运动。十万部蒸汽机并不比一部蒸汽机能更多地证明这一点，它们只是愈来愈迫使物理学家们不得不去解释这一情况。

为此，人们往往采用典型分析归纳推理的形式，通过对个别典型事例进行深入的分析，找出这个个别事例所具有的一般的固有的属性，由于确定这一个别事例在这一类事物中具有典型意义，从而推出这一类事物都具有这一属性。

这种推理形式可用公式表述如下：

S_1是P，

S_1是S类的典型，

所以S类的所有个体都是P。

例如某科学实验小组研究西红柿保鲜问题。他们在地窖中储存了大量的西红柿，经过一个多月后，发现大部分西红柿都烂了，但却有三个保存得很好。实验小组的同志认为这三个西红柿虽然在全体西红柿中占极少数，但它有典型意义，这说明只要具备一定的条件，西红柿可以保鲜。于是他们分析了这三个西红柿储存的条件，发现这三个西红柿所处的地方温度较低，通风条件较好，湿度适宜，从而控制了西红柿的新陈代谢作用，延缓了它们的后熟过程。他们从而推出，所有的西红柿都可以较长时间地保鲜。后来实践证明了这一结论的真实性，终于摸索出大量西红柿保鲜的办法。

医学中对某一典型病例的分析，法学中对某一典型案件的分析，军事学中对某一典型战例的分析，教学中对某一典型课例的分析，都是运用了典型分析归纳推理的方法，都是从个别典型事例推出该类事物所具有的属性。

这种推理形式跟其他归纳推理形式的区别在于：

首先，它要确定研究对象的典型性，即确定该对象在其所属类中的代表性。它不是说S类中任一个体都可以作为S类的典型，而要寻找能充分地、纯粹地体现出S类的特征的个体作为S类的典型。确定典型有其一定的客观基础，也有一定的研究者的主观要求。所谓一定的客观基础，是指那个个体确实在客观上具有S类的最普遍的属性，而且这种属性已充分地表现出来。所谓研究者的主观要求，是指研究者在一定阶段的实践要求。

马克思写《资本论》，揭露资本主义社会内在的深刻矛盾，正是以英国为他的主要的研究对象，这并不会因此减弱《资本论》中所阐述的理论的普遍意义。马克思在《资本论》第一版的序言中说道：

物理学家是在自然过程表现得最确实、最少受干扰的地方观察自然过程的，或者，如有可能，是在保证过程以其纯粹形态进行的条件下从事实验的。我要在本书研究的，是资本主义生产方式以及和它相适应的生产关系和交换关系。到现在为止，这种生产方式的典型地点是英国。因此，我在理论阐述上主要用英国作为例证。但是，如果德国读者看到英国工农业工人所处的境况而伪善地耸耸肩膀，或者以德国的情况远不是那样坏而乐观地自我安慰，那我就要大声地对他说：这正是说的阁下的事情！(《马克思恩格斯全集》第23卷第8页)

他还说：

这里所以把英国摆在首要地位，是因为英国是资本主义生产的典型代表，而且对于我们所研究的问题来说，只有英国才有不断公布的官方统计材料。（同上，第268页）

这都说明，在英国这一典型的资本主义环境中，资本主义的内在矛盾暴露得最充分、最明显，对其他资本主义国家来说也最有代表性。马克思还说：

问题本身并不在于资本主义生产的自然规律所引起的社会对抗的发展程度的高低。问题在于这些规律本身，在于这些以铁的必然性发生作用并且正

在实现的趋势。工业较发达的国家向工业较不发达的国家所显示的，只是后者未来的景象。(同上，第8页)

除了英国具有资本主义的属性这一客观基础外，马克思作为无产阶级革命领袖，具有揭露资本主义社会的矛盾，从而发动与领导无产阶级彻底消灭资本主义这一主观要求，所以通过深入的分析，从英国具有资本主义的深刻矛盾和英国是资本主义生产的典型代表，推出各个资本主义国家都具有这种深刻的矛盾，从而预言：

资本主义私有制的丧钟就要响了。剥夺者就要被剥夺了。（同上，第831—832页）

其次，"S_1是P"不是通过一般的观察而简单枚举得来的结果，而是通过实验和深刻的科学分析得来的结果。通过科学的分析，明确了S_1这个事物中的各个内部组成因素，这些组成因素之间的联系方式，也就是它的结构，这些组成因素及其结构的运动和变化，等等。这样，在归纳的过程，还参与了某些演绎推理的因素，甚至还有某些辩证方法的因素，不过，在本书中，我们只从形式逻辑的角度对这种推理的形式进行研究。

典型分析归纳推理是从特殊到一般的推理，结论的知识内容超出了前提知识的范围，由前提推出结论具有某种程度的或然性。因此，在将前提中特殊性的知识推广运用于一类中的全体对象时，一定要将个别事物中所包含的特殊的属性与一般的属性加以区分。特殊的属性是属于该事物单独具有的属性，一般的属性是该事物与该事物其他个体共同具有的属性。将该事物的一般属性推广运用于一类中的全体对象，那是正确的；如果将该事物个别所具有的属性推广运用于其他对象，就要出现谬误。过去我们的工作中，强调“抓典型，带一般”，出现只抓典型，忽视典型中特殊性与一般性东西的区别，以典型“代替”一般，将只具有特殊意义的东西硬性推广于一般之上，结果出现严重脱离实际的情况。这是我们在运用典型分析归纳推理时应该加以注意防止的。

第七节 类比推理与比喻论证

类比是人们经常使用的一种归纳推理的形式。类比推理是通过比较，知道两种事物某些属性的相同，推出它们在另外一种属性上也相同。它的公式可以表述如下：

事物X具有a，b，c，d等属性，

事物Y也具有a，b，c，d等属性，

事物X还具有e这一属性，

所以，可能事物Y也具有e这一属性。

例如制药厂研制一种新药，要了解这种新药在人身上治疗某种疾病的效能，往往先将这些新药在某些动物上做试验，如果发现这种药对治疗动物身上的某种疾病有效，根据该动物跟人在某些生理方面相同或相似，就类比推出这种药对治疗人的某种疾病也可能有效。再例如前文提到的《眼睛与仿生学》一文中所讲的仿生学，也是基本上使用的类比推理的方法，不过它比一般的类比更为复杂而已。

运用类比推理的文言文很多。例如《乐羊子妻》：

> 河南乐羊子……远寻师学。一年来归，妻跪问其故，羊子曰："久行怀思，无它异也。"妻乃引刀趋机而言曰："此织生自蚕茧，成于机杼。一丝而累，以至于寸，累寸不已，遂成丈匹。今若断斯织也，则捐失成功，稽废时日。夫子积学，当'日知其所亡'以就懿德；若中道而归，何异断斯织乎？"羊子感其言，复还终业。

这里是说乐羊子妻根据织布与读书都是由一点一滴积累而成这一属性的相似性，以及一旦引刀割断所织的布就会"捐失成功，稽废时日"，从而类比推出，她的丈夫"若中道而归"，就会跟"断斯织"一样，"捐失成功，稽废时日"，她终于说服了丈夫乐羊子"复还终业"。

再如《卖油翁》，是说，"陈康肃公尧咨善射"，一天当他在射箭时，"有卖油翁释担而立"，对这位康肃公的箭术并不特别赞赏，"但微颔之"。康肃公颇为不满。卖油翁只是说："无他，但手熟尔。"于是卖油翁"乃取一葫芦置于地，以钱覆其口，徐以杓酌油沥之，自钱孔入，而钱不湿。

因曰：‘我亦无他，惟手熟尔。’”卖油翁就是根据倒油入孔与射箭中的相似性，而倒油“惟手熟尔”，从而类比推出射箭也“无他，但手熟尔”。

类比推理仍属于归纳推理，这是因为类比推理具有归纳推理的三个特征。一是结论中的知识超出了前提中的知识的范围；二是如果前提真实，可能而非必然推出真实的结论；三是如果断定前提而否定结论，并不产生矛盾。类比推理跟其他归纳推理的形式一样，结论具有或然的性质。它似乎并不能确实地证明什么，但在科学研究中，或在各种创造性思维中仍是经常使用的一种方法。类比的结论可能被实践所证实，也可能被实践所推翻，一个好的类比还是可以提供相当可靠的知识，也可以提供相当有说服力的论证的。

要提高类比推理结论的可靠性，有三条途径：

第一，尽量多发现两种事物相同的属性。事物X与事物Y已知共同的属性愈多，则推出某一新属性（如e）为两种事物共有的可能性愈大。

第二，要排除事物Y中有与e这一属性相矛盾的属性存在。

第三，能发现a、b、c、d这些已知属性与e这一属性的必然内在联系，则推理更为可靠，因为事物Y跟事物X

一样，有了属性a、b、c、d，就必然有属性e。

对社会现象、历史现象进行类比时，要防止做机械的类比。所谓机械的类比是不考虑时间、地点、条件的不同，而只就某一点或几点相同而做出的类比。

例如抗日战争时期，有一种“亡国论”，认为中国“抗战必亡”。持这种论调的人以英灭印度，意大利灭阿比西尼亚进行类比，推出“中国武器不如人，战必败”。这就是机械类比。毛泽东同志在《论持久战》一文中批驳了这种观点，指出：

> 加上日本是小国，地小，物少，人少，兵少，中国是大国，地大，物博，人多，兵多这一个条件，于是在强弱对比之外，就还有小国，退步、寡助和大国、进步、多助的对比，这就是中国决不会亡的根据。

这就说明，由于时间、地点、条件的不同，不能做那种机械的类比。

以上讲的都是逻辑类比，它是通过寻求事物之间某些内在属性上的相同或相似性，以推出某些原来没有认识的新知识、论证某种新观点。除此以外，还有一种形象类比，它多使用一些比喻性的语言，描述事物某些外形上的相同或相似性，目的是为了给人以更深刻的感性印象。

下面两段话就包含着形象类比：

例1.夕阳把草原映得更加光辉灿烂。总司令那稳健的身躯，有如一株青松，在阳光照耀下，显得更加巍然高大。（刘坚《草地晚餐》）

例2.雨像用筛子筛过的一样，又细又密，下个不停。冰冷的雨水渗进了衣服。雨水也冲走了人们的劳动成果，泥浆像稠粥一样从路基上淌下来。（《筑路》）

例1用刚劲挺拔的“青松”的形象来比喻总司令的巍然高大。例2用“像用筛子筛过”一样来比喻雨下得又细又密，用“稠粥”来比喻泥浆从路基上淌下来。这些比喻通过事物间某些相似点的类比，使人对所描述的对象有了更为鲜明的感性认识。

形象类比有时也可用来进行抽象的论证，我们将这种论证称为比喻论证，或者简称为喻证。

例如毛泽东的《批评和自我批评》一文，就使用了比喻论证：

有无认真的自我批评，也是我们和其他政党互相区别的显著的标志之一。我们曾经说过，房子是应该经常打扫的，不打扫就会积满了灰尘；脸是应该经常洗的，不洗也就会灰尘满面。我们同志的思想，我们党的工作，也会沾染灰尘的，也应该打扫和洗涤。“流水不腐，户枢不蠹”，是说它们在不停的运动中抵抗了微生物或其他生物的侵蚀。对于我们，经常地检讨工作，在检讨中推广民主作风，不惧怕批评和自我批评，实行“知无不言，言无不尽”，“言者无罪，闻者足戒”，“有则改之，无则加勉”。这些中国人民的有益的格言，正是抵抗各种政治灰尘和政治微生物侵蚀我们同志的思想和我们党的肌体的唯一有效的方法。

这里使用了像房子要经常打扫、脸要经常洗等这样一连串形象生动的比喻来说明我们的党必须开展批评和自我批评。文章很有说服力。它除了具有上述类比推理的一般特征以外，还具有以下一些特征：

首先，作为推理前提的比喻，必须具备鲜明的形象性和一定的普遍都能接受的自明性。像上述房子要经常打扫，脸应该经常洗这些道理都是人人可以接受的。其次，比喻论证应该以浅喻深，以形象的事实说明抽象的道理，而不像一般的形象类比只是以一个感性形象去比喻另一个感性形象。像上例就是以打扫房子和经常洗脸这些形象的事实为理由，说明我们党应该经常开展批评与自我批评这一抽象的道理。第三，作为前提的喻体与作为结论的事理都是复合命题。上面所述的“房子是应该经常打扫的，不打扫就会积满了灰尘”，显然是一个复合命题，前一句是直言命题，后一句是假言命题，它具有“如果不p，那么q”的形式。“脸不洗就会灰尘满面”，“我们同志的思想，我们党的工作，如果不打扫和洗涤，也会沾染灰尘”（语句表述的形式略有不同，实际意思是如此），也都是复合命题。第四，从作为前提的喻体与作为结论的事理，能概括出一个一般性原理。例如从房子要经常打扫，脸要经常洗这些事实和党要开展批评与自我批评这一事理，可以概括出一个极为一般性的原理，即事物只有处在经常的运动中，才能保持它的生命力，用形象的语言说，就是“流水不腐，户枢不蠹”。

比喻论证可以增加文章的形象性和生动性，也可以增加文章的逻辑说服力。如巴甫洛夫《给青年们的一封信》中说：

> 不管鸟的翅膀多么完美，如果不凭借空气，鸟就永远不能飞到高空。事实就是科学家的空气。你

们如果不凭借事实，就永远不能飞腾起来。没有事实，那你们的“理论”就是徒劳。

进行科学理论的研究要凭借事实，这是一个很抽象的道理，但一经用鸟要凭借空气才能飞翔这一形象比喻后，人们对掌握充分的事实以进行科学理论的研究立即有了深刻的理解。

比喻论证是我国古代文章的一种传统写作手法，自然，它也是一种很普遍的思维方法。古书中记有：“惠子（即惠施）之言事也善譬。”惠施在答复梁王所问时说：

夫说者固以其所知，谕其所不知，而使人知之。今王曰无譬，则不可矣。

《公孙龙子·迹府篇》中说：

公孙龙……假物取譬，以守白辩。

《墨经·小取篇》中将“辟”（同譬）看作是一种独立的辩说推理论证形式，说：

> 辟也者，举它物而以明之也。

荀子在《非相篇》中指出：

> 谈说之术……譬称以喻之，……

显然，他将“譬称以喻之”列为一种“谈说（推理论证）之术。”古因明的“五支作法”为：“宗”“因”“喻”“合”“结”五支。后来陈那将古因明的“五支作法”改为“三支作法”，即“宗”“因”“喻”，成为新因明。不管是“五支作法”还是“三支作法”，都包含“喻”这个论证的必不可少的环节。由此可见，比喻论证是一种特殊形式的类比。它比一般的类比推理结构更为复杂，在语言中使用更为普遍。中学语文很多文言篇目都包含有比喻论证。如中学语文教材中的《察今》《邹忌讽齐王纳谏》《劝学》《庖丁解牛》《订鬼》等，都是运用一个或一组比喻来论证某个抽象的道理。我们在分析这些课文时，将这些比喻论证的方法揭示出来，有助于提高学生的逻辑思维能力和写作能力。

第八节　演绎推理与归纳推理的综合运用

在实际的思维过程中，可能出现上述某种推理形式或方法的单独运用，也可能将一些推理形式或方法加以综合运用。

我们从下面一段文章中将看出演绎推理与归纳推理是怎样综合运用的（节选自1978年5月11日《光明日报》特约评论员文章《实践是检验真理的唯一标准》）：

检验真理的标准只能是社会实践

怎样区别真理与谬误呢？一八四五年，马克思就提出了检验真理的标准问题：

人的思维是否具有客观的真理性，这并

演绎推理：

引述马克思主义经典作家关于检验真理的标准问题的论述，证明马克思主义认识论的基本原理：检验真理的标准只

> 不是一个理论的问题，而是一个实践的问题。人应该在实践中证明自己思维的真理性，即自己思维的现实性和力量，亦即自己思维的此岸性。关于离开实践的思维是否具有现实性的争论，是一个纯粹经院哲学的问题。（《马克思恩格斯选集》第1卷第16页）

这就非常清楚地告诉我们，一个理论，是否正确反映了客观实际，是不是真理，只能靠社会实践来检验。这是马克思主义认识论的一个基本原理。

实践不仅是检验真理的标准，而且是唯一的标准。能是社会实践。

毛主席说：

真理只有一个，而究竟谁发现了真理，不依靠主观的夸张，而依靠客观的实践。只有千百万人民的革命实践，才是检验真理的尺度。（《新民主主义论》）

真理的标准只能是社会的实践。（《实践论》）

这里说“只能”“才是”，就是说，标准只有一个，没有第二个。这是因为，辩证唯物主义所说的真理是客观真理，是人的思想对于客观世界及其规律的正确反映。因此，作为检验真理的标准，

演绎推理：

引述马克思主义经典作家关于真理问题的论述，证明实践是检验真理的唯一标准。

选言推理肯定否定式：

真理或者是人的思想对于客观世界及其规律的正确反映，或者是到主观领域去寻找。

辩证唯物主义所说的真理是客观真理，是人的思想对于客观世界及其规律的正确反映。

因此，检验真理的标准不能到主观领域内去寻找。

就不能到主观领域内去寻找，不能到理论领域内去寻找，思想、理论自身不能成为检验自身是否符合客观实际的标准，正如在法律上原告讲的是否属实，不能以他自己的起诉为标准一样。作为检验真理的标准，必须具有把人的思想和客观世界联系起来的特性，否则就无法检验。人的社会实践是改造客观世界的活动，是主观见之于客观的东西。实践具有把思想和客观实际联系起来的特性。因此，正是实践，也只有实践，才能够完成检验真理的任务。科学史上的无数事实，充分地说明了这个问题。

门捷列夫根据原子量的变化，制定了元素周期表，

类比推理：

用法律上原告讲的是否属实，不能以他自己的起诉为标准，来类比检验真理的标准不能到主观领域内去寻找。

充分必要条件的假言推理：

作为检验真理的标准，当且仅当，它具有把人的思想和客观世界联系起来的特性。

实践具有把思想和客观实际联系起来的特性。

因此，正是实践，也只有实践，才能够完成检验真理的任务。

归纳推理：

科学史上的无数事实。如：

1. 门捷列夫的元素周期

有人赞同，有人怀疑，争论不休。尔后，根据元素周期表发现了几种元素，它们的化学特性刚好符合元素周期表的预测。这样，元素周期表就被证实是真理。哥白尼的太阳系学说在三百年里一直是一种假说，而当勒维烈从这个太阳系学说所提供的数据，不仅推算出一定还存在一个尚未知道的行星，而且还推算出这个行星在太空中的位置的时候，当加勒于一八四六年确实发现了海王星这颗行星，哥白尼的太阳系学说才被证实了，成了公认的真理。

马克思主义之所以被承认为真理，正是千百万群众长期实践证实的结果。毛主席说：

表经过实践检验被证实为真理；

2. 哥白尼的太阳系学说经过实践检验被证实，成了公认的真理；

3. 以及马克思主义经过革命的阶级斗争和民族斗争的实践被证实为真理；

4.（还省略了很多事例）

充分说明了正是实践，也只有实践，才能够完成检验真理的任务。

马克思列宁主义之所以被称为真理，也不但在于马克思、恩格斯、列宁、斯大林等人科学地构成这些学说的时候，而且在于为尔后革命的阶级斗争和民族斗争的实践所证实的时候。（《实践论》）

马克思主义原是工人运动中的一个派别，开始并不出名，反动派围攻它，资产阶级学者反对它，其他的社会主义流派攻击它，但是，长期的革命实践证明了马克思主义是真理，终于成为国际共产主义运动的指导思想。

上面这一段话所要推出的结论（也就是这一段文章的论题，一般称为论点）就是："检验真理的标准只能是社会实践"。用来推出这一结论的前提（一般称为论据）有马克思主义经典作家的论述，有马克思主义认识论的基本原理，有科学史的无数事实。依据这些前提（论据）推出结论的逻辑方法有演绎推理，也有归纳推理。文章综合运用了这些推理形式，从前提（论据）充分地推出了结论（论题），因此具有很强的逻辑说服力。

我们学习逻辑，掌握一定的推理形式及其规则，这是很重要的，但更重要的是我们要学会运用，要在平时的话语或写作中加以运用，而且要学会综合地加以运用。另外，作为中学或中等职业学校的语文教师，还要学会用这些形式和方法比较熟练地对别人的话语或文章进行分析。首先要找出一段话或一段文章的论题（即论点），然后找出话语或文章中包含的论据，然后分析话语或文章是按照什么推理式将这些论据组织起来以推出论题。在议论文和说明文的教学中，对文章进行逻辑分析是很重要的教学环节，学生也正是通过这些环节的学习而提高自己的逻辑思维能力。

例如梁启超《最苦与最乐》，在论述"肩上负着未了的责任是人生最大的痛苦"时，作者运用了选言证法。即构造一个包含论点这一选言肢在内的选言命题，然后对论点这一选言肢以外的其他选言支都加以否定，于是论点这一选言肢就成了结论。作者说："人生什么事最苦呢？贪吗？不是。失意吗？不是。老吗？死吗？都不是。我说人生最苦的事，莫若身上背着一种未了的责任。"

第六章　思维的基本规律

第一节　什么是思维的基本规律

思维是人的大脑对客观事物的能动的反映过程。为了保证思维的正确性，保证真实地反映对象的特征与本质，思维过程必须遵循思维的基本规律，这就是同一律、不矛盾律、排中律和充足理由律。

这些规律的作用在于保持思维过程的首尾一贯性、明确性和论证的充分性，它们是任何正确思维所不能缺少的属性。思维如果不遵守这些基本规律，就不能做到前后一贯，就必然是含混的和缺乏论证的，这样的思维肯定不能达到正确反映客观事物的目的。

由于人的思维都要通过语言的形式表达出来，我们要求思维遵守这些基本规律，实际上也就是要求在语言表达中要遵守这些基本规律，一旦出现违反思维基本规律的现象，也将通过语言的形式表达出来，或者隐藏在语言的形式之中，有待我们通过对语言的分析将这些谬误寻找出来。例如，思维的同一律就是要求思维具有确定性，违反同一律往往表现为在应该保持思维确定性的地方，以相同的语词表达不同的概念，却又给人以表达相同概念的假象。因此，我们要学会分析语言，以确定一种具体的思想是否违反了思维的规律。

这些规律所以叫作思维的基本规律，是因为它们作用于思维的一切过程，特别是作用于推理与论证的全部过程。它跟那些局部的规则（如定义的规则、划分的规则、三段论的规则）不同，那些局部规则只作用于思维过程的个别环节，例如定义的规则只作用于给语词下定义，而不管划分，三段论的规则只作用于三段论式而不管其他推理形式。

思维的基本规律有其客观基础。客观事物虽然都处在发展运动过程中，但它在一定的时间内仍具有一定的质的规定性，而且它们的发展、运动也不是任意的，它须受到一定因果联系的制约。这些属性反映在思维中就形成思维的基本规律。因此这种思维的规律跟客观事物的规律从本质上说是彼此一致的。

思维的基本规律虽然是客观事物某些属性在思维中的反映，但是它们终究与客观事物本身的规律有区别。客观事物本身根本不存在所谓违反规律的问题，它们时刻都受着规律的制约。例如，任何事物（包括人在内）在机械运动过程中无不受牛顿三大定律的制约。而思维的基本规律只是保证人们正确思维、即保证人们真实地反映客观事物的必要条件，在实际的思维过程中，人们不时出现违反思维基本规律的现象；人们一旦违反了思维的基本规律，就不能保证正确地思维，就不能保证获得真实的知识。从这一方面说。思维的基本规律对思维只具有规范的性质，而不具有必然的制约的性质。正因为这样，我们在思维过程中，有强调遵守思维基本规律的必要性。这些思维基本规律也就成为逻辑所要研究的主要内容之一。

在逻辑发展史上，曾有过一些逻辑学家，根本否认思维基本规律的客观基础，有的认为思维的基本规律是人的意识所固有的，是先验的、先天的，有的则认为思维规律是人们主观约定的。将思维的规律看作是人的意识所固有的，是先验的、先天的，就会颠倒甚至割裂思维规律和客观事物规律之间的关系，就会成为思维规律决定事物的规律，思维、意识成为第一性的东西，存在成为第二性的东西。德国古典唯心主义哲学家康德就持这样的观点，他在

《逻辑引论》一书中写道：

> 逻辑……既不能从任何科学借用任何原则，也不能从任何经验借用任何原则。它除了先天的规律之外并不包含别的什么，这种先天的规律是必然的，并普遍地应用于悟性。（1885年伦敦英文版第3页）

康德这种逻辑观点是跟他整个先验论的唯心主义哲学体系一致的，他认为空间、时间、因果性、自然规律并不是自然界本身的特性。自然界本身无所谓因果联系，是人将自己头脑所先天具有的因果性范畴加到经验的事物上去，这样才使这些事物具有因果联系。他甚至宣称："人是自然界的立法者"。显然，这种哲学体系和逻辑观点是与马克思主义的哲学观点完全背道而驰的。

将思维规律看作游戏的规则，看作是由人们任意约定的，也同样是错误的。逻辑实证主义者卡尔纳普就持这样的约定论观点。他认为逻辑规律是可以任意选择的，是人们约定俗成的。他甚至认为，把逻辑规律当作客观世界规律的反映，是一种"形而上学"的幻想。卡尔纳普之所以产生这些错误，同他将逻辑规律与语法规则混为一谈有关。我们知道，各民族语言的语法规则具有约定俗成的性质，从而各民族都具有各自不同的语法规则。例如英语的语法规则跟汉语的语法规则就不同。但逻辑规律是思维的基本规律，这些规律对各个民族来说是完全一致的，说英语的人所遵循的同一律与说汉语的人所遵循的同一律并无不同。这充分说明将思维规律看作跟语法规则一样是人们约定俗成的，这种观点是站不住脚的。

思维的基本规律是保证正确思维的初步规律，但要更深刻地反映事物的本质、事物的内在矛盾和事物的运动与发展的规律，单靠这些思维的基本规律是不够的（虽然是不可少的），人们还得遵循唯物辩证法的基本规律，即对立统一规律，以及相应的一系列唯物辩证法的其他规律与范畴。

下面分别讲述思维的基本规律。

第二节 同一律

同一律的基本内容是：在同一个思维过程中，所运用的语词和语句应当保持其意义的确定性和同一性，用公式表述就是：

A是A（A代表语词或命题）

这就是说，在一段话语中，在一篇文章中，表述者总得使用一串语词，每一个语词都表达一定的概念，即它具有一定的内涵，从而指称一定的对象。同一律就是要求每个语词所表达的概念与所指称的对象要有确定性，要前后保持同一，不要出现同一个语词一会儿具有这一含义，一会儿又具有另一种含义，一会儿指称这一对象，一会儿又指称另一对象。

例如，邓小平同志在《讲讲实事求是》一文中，多次运用了“实事求是”这个语词。文章引述了毛泽东同志对这个语词所给予的解释：

> “实事”就是客观存在着的一切事物，“是”就是客观事物的内部联系，即规律性，“求”就是我们去研究。我们要从国内外、省内外、县内外、区内外的实际情况出发，从其中引出其固有的而不是臆造的规律性，即找出周围事变的内部联系，作为我们行动的向导。

文章中每个语词前后都保持着确定的同一含义。文章反复论证了“实事求是，是毛泽东思想的出发点、根本点”这一命题，这也就是全文论述的中心论题。因此，这篇文章是严格遵守了同一律的。

有时，一段话语或一篇文章要使用一个语词的比喻意义，这个比喻意义也要具有确定性。例如，《放下包袱，开动机器》一文，一开始就提出文章的论题：

> 为了争取新的胜利，要在党的干部中间提倡放下包袱和开动机器。

但是什么是“放下包袱”？什么是“开动机器”？这里使

用了这两组语词的比喻意义。文章接着就对其比喻意义做了解释：

所谓放下包袱，就是说，我们精神上的许多负担应该加以解除。

又说：

所谓开动机器，就是说，要善于使用思想器官。

文章前后都保持这一确定的比喻意义，而不再转用其他意义。

在一定的语境中，指代词总是有其特定的含义和特定的指称的。我们运用指代词（如我、你、他、我们、这里、那时等）或摹状词（指这样一组词，它通过描述一个对象的特征性质来指称一个特定的个体，如“小说《祝福》的作者”“中国的首都”等）要明确其指称并注意这种指称的确定性。例如，恩格斯《在马克思墓前的讲话》开始是这样说的：

3月14日下午两点三刻，当代最伟大的思想家停

> 止思想了。让他一个人留在房里总共不过两分钟，等我们再进去的时候，便发现他在安乐椅上安静地睡着了——但已经是永远地睡着了。
>
> 这个人的逝世，对于欧美战斗着的无产阶级，对于历史科学，都是不可估量的损失。这位巨人逝世以后所形成的空白，在不久的将来就会使人感觉到。
>
> 正像达尔文发现有机界的发展规律一样，马克思发现了人类历史的发展规律，……

这段话中，“3月14日”是指1883年3月14日，由于当时的语境，这个时间是非常明确的，即使不加1883年，也不会造成误解。接着讲“当代最伟大的思想家”，这个“当代”也是非常明确的，就是指19世纪的下半世纪。在整篇文章中，这个“当代”是确定的，明确的，前后也是保持同一的。这几段话中，作者还用了好几个语词，如“最伟大的思想家”“他”“这个人”“这位巨人”来指代马克思，最后直接使用了“马克思”这个专名，因此，这些词都是指称同一个人，语词形式不同，但指称的对象相同。这些词的含义也是明确的，前后都保持了同一性。

遵守同一律，要防止将内涵与外延不同的语词看作内涵与外延同一的语词，特别是要防止将内涵与外延有些相关但并非完全相同的语词，看作内涵与外延完全同一的语词。

例如，有篇文章中有这么一段话：“我父亲是旧社会的道士，被人鄙视为‘出家人’。”这里就将“道士”与“出家人”这两个不同的语词看作内涵外延相同的语词。实际上“道士”并不一定出家，“出家人”并非就是道士。这里就违反了同一律。这一类例子还有，如将“神经病”与“精神病”，“相对论”与“相对主义”，“肿瘤”与“癌症”混为一谈。

遵守同一律还要防止将内涵与外延完全同一的语词看作内涵与外延完全不同的语词。

例如鲁迅在《孔乙己》中描写了孔乙已有一次在鲁镇酒店喝酒，周围人故意逗他：

> 他们又故意的高声嚷道，“你一定又偷了人家的东西了！”孔乙己睁大眼睛说：“你怎么这样凭空污人清白……”“什么清白？我前天亲眼见你偷了何家的书，吊着打。”孔乙己便涨红了脸，额上的青筋条条绽出，争辩道：“窃书不能算偷……窃书！……读书人的事，能算偷么？”

“窃”与“偷”是具有相同内涵与外延的语词，最多只能说语体风格略有不同，但孔乙己为了掩饰自己的偷窃行为，故意将“偷”与“窃”说作表达不同概念的语词。这是违反同一律的，而鲁迅正是以这一细节来刻画一个深受封建科举之害的，穷途潦倒的封建社会小知识分子的形象。

又如《血，总是热的》这一电影剧本中，描写这么一位车间主任：

罗心刚（凤凰丝绸厂厂长）（对蒋定安）：平洗机上有个电动机不正常，你去看看。

蒋定安（车间主任，党支部书记）：没听说啊？噢，是马达，不是电动机！

罗心刚：你当了几年车间主任？

蒋定安：八年。

〔罗心刚怒气冲冲地下。〕

〔蒋定安莫名其妙。〕

李子良（技术员）（好心地）：蒋主任，电动机就是马达。

蒋定安（恼羞成怒）：就你懂得多！

〔李子良惶然地退下。〕

（《剧本》1980年第12期）

这里蒋定安将内涵与外延完全同一的语词看作不同一的语词。这一事实充分说明了蒋定安是一个缺乏生产知识的官僚主义者。

违反同一律，在思维过程就要犯“偷换概念”或“偷换论题”的逻辑错误。

认清“偷换概念”的逻辑错误，往往要对语词做深入的语义分析。法律规定，法庭审判，被告可以由律师为自己辩护。有人对此很不理解，提出反对意见：“罪犯还有理了？还要有人为他辩护？”此人就犯了“偷换概念”的逻辑错误，错将“被告”理解成“罪犯”。

同一律是反映客观事物在一定时间内，一定条件下所具有的质的规定性。一定的事物在它发生根本的性质变化之前，它总是那个事物，我们就要以确定的语词去指称它，以确定的语句去表述它，一旦这个事物产生了根本的性质变化，我们就要以不同的语词和语句去表述它。例如，水加温至一定程度就会变成气体，但在此之前它仍是液体，我们就一直称之为“水”，一旦变成了气体，我们就改称为“蒸气”，不再叫“水”了。如果在水还没有发生根本性质变化之前，就称之为“蒸气”或别的什么名称，就会产生思维的混乱，就不能正确地反映客观事物和有效地交流思想。

形式逻辑所强调的同一律，是指思维在一定的条件下要保持对客观事物的认识的确定性。逻辑并不否认事物是发展的，只是要求在事物发展的横断面上，保持思维的确定性。

第三节 不矛盾律

不矛盾律（传统逻辑中也称为矛盾律）的基本内容是：在同一思维过程中，对于同一个思维对象，不能既断定它是什么，又断定它不是什么，即不能说：“A是B”，又说“A不是B”。如果出现这种情况，其中必定有一个断定是假的。不矛盾律的公式是：

A不是非A（A代表命题）

不矛盾律就是要求我们在一段话语中或一篇文章中，注意思想的前后一致性，不要产生自相矛盾。如不能既说“这是一本书”，又说“这不是一本书”。不能既说“这个班所有的同学都学过外语”，又说“这个班有的同学没有学过外语”。不能既说“所有的鱼都不能离开水而生活”，又说“有些鱼能离开水而生活”。如果出现这种既肯定又否定的论断，其中必有一假。

违反不矛盾律就要犯自相矛盾的逻辑错误。

我国古代《韩非子》一书中有这么一个故事：有一个人在街上卖矛又卖盾，他在卖矛时吹嘘他的矛无比锐利，可以刺穿任何东西；他在卖盾时又吹嘘他的盾无比坚固，可以挡住任何向它刺来的东西。旁边一位观众问他："如果用你的矛刺你的盾如何？"这个卖矛又卖盾的人被问得哑口无言，因为在他的两句话中出现了自相矛盾。他的话等于说："我的矛能刺穿一切"，又说"我的矛不能刺穿我的盾"（也就是说"并非我的矛能刺穿一切"）；或者说："我的盾能挡住一切"，又说："我的盾不能挡住我的矛"（也就是说"并非我的盾能挡住一切"）。这两组论述中，必各有一句是假的。我们汉语中"矛盾"一词，就是从这个故事来的。

自相矛盾有时直接表现在语形上，有时则表现在语义上。表现在语形上的，可以直接看出它们的自相矛盾；表现在语义上的则要经过分析，才能发现它们的自相矛盾，平常我们遇到语句中的自相矛盾，较难发现的是后一种。

逻辑矛盾表现在语形上有下列几组形式：

直言命题：

所有S是P——所有S不是P

所有S是P——有的S不是P

所有S不是P——有的S是P

这个S是P——这个S不是P

复合命题：

p并且q——非p并且非q

p并且q——非p或者非q

p或者q——非p并且非q

如果p那么q——p并且非q

用实例表述就是：

例1.所有的鸟都会飞。——所有的鸟都不会飞。

例2.所有的鸟都会飞。——有的鸟不会飞。

例3.所有的鸟不会飞。——有的鸟会飞。

例4.这只鸟会飞。——这只鸟不会飞。

例5.小玲学过英语，也学过日语。——小玲既未学英语，也未学日语。

例6.小玲学过英语，也学过日语。——小玲或者未学英语，或者未学日语。

例7.小玲学过英语，或者学过日语。——小玲既未学英语，也未学日语。

例8.如果天晴，那么小玲上街买东西。——天晴了，但是小玲并没有上街买东西。

这里每一组句子中，两句话不能同时都真，必定有一个句子是假的。这种自相矛盾从语形上直接表现出来。语义上的自相矛盾则需要作语义的分析，看出两个语句的语义上的不相容性。例如下述语句：

例9. 1588年7月，西班牙出动包括130余艘战船的"无敌舰队"，对英国作大规模的海上进攻。从7月21日到29日，双方舰队相遇于英伦海峡。西班牙兵舰体大笨重，运转不灵，在英国轻快战舰的机动攻击下几乎全军覆灭。残余舰艇又遇风暴，只有53艘经航苏格兰、爱尔兰破败而归。英国在这次战役中击败海上最强大的敌手，海上霸权开始树立。西班牙则从此一蹶不振。

例10. 火红的朝霞染红了半边天，万里长空没有一丝云彩，微微的东风迎面扑来，啊！又是一个大晴天。

例11. 滔滔黄河，荡漾着碧波细浪。

例9开始说几乎全军覆灭，残余舰艇又遇风暴，那么应是"破败而归"的战舰所剩无几，但后面却说还有53艘逃回了西班牙。53艘仍占其战舰总数的40%，这样就与前面所说的"几乎全军覆灭"自相矛盾。例10一会儿说"火红的朝霞染红了半边天"，一会儿又说"万里长空没有一丝云彩"，而"霞"就是具有红、黄、橙等色彩的云，两句话自相矛盾。例11既用“滔滔”形容黄河，又说黄河“荡漾着碧波细浪”，前者真，后者一定假；后者真，前者一定假，所以是自相矛盾的。这些都是通过语义分析才看出它们都是一些自相矛盾的语句，单从语形上看，是很难一眼就看出来的。前面在“对象语言与元语言”一节中，我们讲过“我说谎”这样的语句，如果说它是真话，它就是假话，如果说它是假话，它就是真话。这叫作悖论，悖论是自相矛盾的一种特殊形式，而这样的悖论也是要通过语义分析才能揭示出来的。

一个人讲话、写文章必须要做到首尾一贯，如果出现了自相矛盾，就说明他的思维缺少一贯性，他的讲话、文章是混乱的、无效的、没有说服力的。在论辩中如能揭露对方的自相矛盾，就等于宣布对方的失败。一门学科体系如果出现自相矛盾，就必须提出新的假说或理论，以消除这种矛盾，这样，学科体系才能存在并得到发展，否则，这一体系就会被淘汰。

不能将逻辑矛盾与客观事物中的辩证矛盾混为一谈。事物内部的矛盾性是事物发展的根本原因。例如，生产力与生产关系，经济基础与上层建筑，攻与守，进与退，胜与败等，都是社会现象中客观存在的辩证矛盾，正是这些矛盾决定了事物的性质、事物的运动与发展。而逻辑矛盾则是人们主观臆造出来的矛盾，如同时肯定事物的某种性质又否定事物的某种性质，同时断定一个语句为真又断定这个语句为假，这是思维混乱的表现。

第四节　排中律

排中律的基本内容是：在同一思维过程中，对同一对象如果做出两个互相矛盾的论断，那么，可以肯定其中必有一真。排中律的公式是：

A或者非A（A代表命题）

排中律只在互相矛盾的语句中起作用，而不在互相反对的语句中起作用。从语形上看，在下列几组公式中，排中律起作用：

直言命题：

所有S是P——有的S不是P

所有S不是P——有的S是P

这个S是P——这个S不是P

复合命题：

p并且q——非p或者非q

p或者q——非p并且非q

如果p那么q——p并且非q

跟矛盾律相比，就看出排中律在下述两组公式中不起作用：

所有的S是P——所有的S不是P（直言命题）

p并且q——非p并且非q（复合命题）

而在这两组公式中，矛盾律都起作用：

用实例来表示，上一节1—8例中，2、3、4、6、7、8各例都适用排中律，也就是说这几组语句中，必各有一个语句是真的，而1、5不适用排中律，即不能说这两组语句中，必各有一个语句是真的，因为可能一组中的两个语句都假，如：

例1所有的鸟都会飞。——所有的鸟都不会飞。实际上并非所有的鸟都会飞，也并非所有的鸟都不会飞，而是大部分鸟会飞，确实还有些鸟不会飞。

例5小玲学过英语，也学过日语。——小玲既未学英语，也未学日语。可能小玲只学过英语，未学过日语，也可能未学过英语，只学过日语，这时例5的两句都假，因此，不能确定其中必有一真。

违反排中律就要犯“模棱两可”的逻辑错误。所谓“模棱两可”就是对一个命题的真假，或者对两个矛盾关系的命题孰真孰假，含糊其词，没有明确的认识或表示。也就是既不断定命题A，也不断定命题非A，而企图在A与非A之间寻找一条中间道路，而这种中间道路实际上是不可能找到的。“模棱两可”是一句成语，也作“摸棱两可”，这个成语来源于唐朝宰相苏味道的故事：

> 唐苏味道初拜相，依违无所发明，具位而已。常谓人曰：“决事不欲明白，误则有悔，摸棱持两端可也。”世号为摸棱手，或模棱宰相。（见《太平广记》二五九、《新唐书》一一四《苏味道传》）

这里“摸棱”是指一种行为，即用手摸器具的棱角。“摸棱两可”整个是说“处事不欲决断明白”，并非既说是，又说不是，而是既不说是也不说不是。这正是排中律所反对的。有的人不顾这个成语的原始的意思，将这个完整的成语拆开，并且加上一个字，变成“摸棱两不可”，我们认为这是不合适的。

在电影《火烧圆明园》中，有这么一个镜头，1857年，英法联军攻打广州，这时清朝有一个大官还在官衙内扶乩。这位大官就是当时的两广总督兼通商大臣叶名琛（1807—1859）。他在帝国主义的侵略面前采取的方针是：

不战不和不守，不死不降不走。

这个“不战不和不守，不死不降不走”的方针就违反排中律，因为他企图在“战与不战，和与不和，守与不守，死与不死，降与不降，走与不走”之间寻找第三条道路，结果还是走上了一条丧权辱国的死路。

当我们研究排中律的作用时，不得不注意另一种情况。在文学作品中有时会通过对人物模棱两可的语言的描写来刻画人物的犹豫不决、彷徨不定的精神状态。例如，鲁迅在《祝福》中就是用这种手法，刻画了当时的小资产阶级知识分子“我”的形象。小说中有一段写到“我”到镇的东头访问朋友时，在河边遇见祥林嫂的情况：

我就站住，豫备她来讨钱。

“你回来了？”她先这样问。

“是的。”

“这正好。你是识字的，又是出门人，见识得多。我正要问你一件事——”她那没有精采的眼睛忽然发光了。

我万料不到她却说出这样的话来，诧异的站着。

“就是——”她走近两步，放低了声音，极秘密似的切切的说，“一个人死了之后，究竟有没有魂灵的？”

我很悚然，一见她的眼盯着我的，背上也就遭了芒刺一般，比在学校里遇到不及豫防的临时考，教师又偏是站在身旁的时候，惶急得多了。对于魂灵的有无，我自己是向来毫不介意的；但在此刻，怎样回答她好呢？我在极短期的踌躕中，想，这里的人照例相信鬼，然而她，却疑惑了，——或者不如说希望：希望其有，又希望其无……。人何必增添末路的人的苦恼，为她起见，不如说有罢。

“也许有罢，——我想。”我于是吞吞吐吐地说。

“那么，也就有地狱了？”

“阿！地狱？”我很吃惊，只得支梧着，“地狱？——论理，就该也有。——然而也未必，……谁来管这等事……。”

“那么，死掉的一家的人，都能见面的？”

“唉唉，见面不见面呢？……”这时我已知道自己也还是完全一个愚人，什么踌躕，什么计画，都挡不住三句问。我即刻胆怯起来了，便想全翻过先前的话来，“那是，……实在，我说不清……。其实，究竟有没有魂灵，我也说不清。”

这个“我”的回答，从逻辑上讲是违反排中律的，因为“我”并没有给祥林嫂的问题一个“是”或者“不是”的明确的答复，而是模棱两可、含糊其词的回答，鲁迅这样安排，正是为了嘲讽当时这种小知识分子彷徨、惶恐、动摇不定的精神状态，揭露了“我”既同情祥林嫂，不愿伤害她，又怕负责任，不能明确指出出路的内心矛盾。作者这样写，也表现了作者对这种知识分子的不满。我们学习了排中律的基本要求，将有助于我们去分析文艺作品中这种彷徨不定的人物的性格特征，并探寻形成这种性格的社会背景。

第五节 充足理由律

充足理由律的基本内容是：在一个论证过程，必须找出充足的理由，以推出一个真实的结论。

充足理由律既有形式上的要求，也有语义上的要求，因此它很难用一个简单的公式来表述。从这一方面说，充足理由律跟上述三个规律不是属于同一层次、同一序列的规律。

充足理由律要求的是论证中要有充足理由而不是一般的理由，因为任何事件都容易找到一个直接的理由，而这种理由不一定就是充足理由。例如，杀人凶犯在法庭上往往会找几条理由来为自己的罪行开脱，虽然这种理由不能成为他辩护的充足理由。德国哲学家黑格尔（1770—1831）在《小逻辑》一书中曾指出：

> 世界上一切腐败的事物都可以为它的腐败说出好的理由。

马克思在《资本论》第一卷中曾引证上面这句话来揭露资本家会说出“好理由”为他剥削工人这样的坏事辩护。黑格尔将这种“理由”斥之为“形式的根据”“强词夺理的理由”。

充足理由律不仅要有一定的理由以推出结论，而且要求有足够的理由来推出上述的理由，这样追溯上去，一直要找到所谓“最后的理由”（这是首先提出充足理由原则的德国哲学家莱布尼茨所用的术语）。从唯物主义的观点来看，这最后的理由就是经过实践检验的，确实可靠的事实、科学定义、公理以及由公理推出的定理。由此可见，所谓充足理由，是要求有理由的理由的理由……以至最后的理由，这是一个理由的序列，它表明人类认识事物的深化的过程。

有的逻辑书中将充足理由律形式化为“因为A，所以B”的公式，实际上这个简单的公式并不满足于充足理由律。充足理由律要求这个公式具备三个条件：（一）A这个理由本身必须是经过充分的证明了的，其真实性是无疑的；（二）A从语形上（即按照正确的推理形式）必须能推出B；

（三）A必须在语义上与B有一种内在联系，即A在语义上蕴涵B。

如果A本身的真实性未经证明或尚可怀疑，那么，它显然不能算是B的充足理由。例如，鲁迅写的《文学和出汗》一文中说：

> 上海的教授对人讲文学，以为文学当描写永远不变的人性，否则便不久长。例如英国，莎士比亚和别的一两个人所写的是永久不变的人性，所以至今流传，其余的不这样，就都消灭了云。
>
> 这真是所谓“你不说我倒还明白，你越说我越糊涂”了。英国有许多先前的文章不流传，我想，这是总会有的，但竟没有想到它们的消灭，乃因为不写永久不变的人性。现在既然知道了这一层，却更不解它们既已消灭，现在的教授何从看见，却居然断定它们所写的都不是永久不变的人性了。

鲁迅在这一段文章中指出，“上海的教授”是以英国有些不写永久不变的人性的文章都已消灭这一事实作为理由，推出文学要写永久不变的人性这一结论。但是这个理由本身却无法肯定，无法证明，因为这些文章既已消灭，“上海的教授”就无从看见，而且别人也无从看见，“上海的教授”又何以断定历史上有这么一件事呢？这种理由本身的真实性值得怀疑，显然不能算是结论的充足理由。

即使A是真实的，经过证明了的，但如果A不能从语形上推出B，那么，它也不能算是B的充足理由。也就是说，在推理过程没有严格遵守推理形式与推理规则的要求，就不能算是充足理由。

充足理由律不仅要求理由真实（即理由本身是经过严格证明了的）和推理形式正确，而且要求A对于B来说有一种语义上的蕴涵关系。我们可以从“这是一朵玫瑰”推出“这是一朵花”，原因就在于“玫瑰”与“花”有语义上的联系，“玫瑰”从外延上说被包含于“花”的外延之中，从内涵上说，“玫瑰”的义素中包含有“花”这一义素。语义上的蕴涵关系不仅表现在语词的关系上，也表现在语句的关系上。这是一种更为复杂的关系，但从根本上说，它是客观事物的因果联系的反映，尽管这种反映不一定是直观的。我们说“如果天下雨，那么路上湿”，就在于“天下雨”与“路上湿”有着客观上的因果联系。我们根据“天下雨”就可以断定“路上湿”。再如说：“假如我们把在地面为一公斤重的铁，放到离地面6400公里的高空，也就是说，使它离开地心的距离比在地面时加大一倍（地球的平均半径不到6400公里），那么，这块铁所受到的地心引力就会减少四分之三，它的重量只有0.25公斤。”这里前件与后件也反映了客观上的因果联系，因此两个语句有着语义上的联系。由此，我们可以通过否定这块铁的重量由原重量减为0.25公斤，从而否定这块铁处于离地面6400公里的高空。

这种推理的语义上的要求，在我们一般推理过程都会自发地满足。人们不会说：“如果2+2=4，那么，1976年唐山发生大地震。”虽然从语形上看，它的前件真，后件也真，根据真值表整个假言命题算是一个真命题，而且如果通过肯定它的前件而肯定它的后件，从语形上说也是正确的。但是，前件与后件没有语义上的联系，人们是不会依据这种前提（理由）来进行论证的；而且即使论证的结论是真的，人们也不会认为这种论证的理由是充分的。

在思维过程中，违反充足理由律就是要犯“推不出”的逻辑错误。下面几例都包含有“推不出”的逻辑错误。

例1.《宋史·岳飞传》：“狱之将上也，韩世忠不平，诣桧（秦桧）诘其实。桧曰：‘飞子云与张宪书虽不明，其事体莫须有。’”秦桧就是以“莫须有”为理由，控告岳飞谋反，判以死刑。从法律逻辑的角度来看，“莫须有”的罪名，是不能据以判案的。秦桧在这里犯了严重的“推不出”的逻辑错误。所以当时韩世忠就说，“莫须有三字何以服天下？”结果秦桧被后人视为千古罪人，被罚永远跪在岳王坟前。

例2.《吕氏春秋·察今》中有这么一段故事：“有过于江上者，见人方引婴儿而欲投之江中。婴儿啼。人问其故。曰：‘此其父善游。’其父虽善游，其子岂遽善游哉？以此任物，亦必悖矣。”这就是说以“其父善游”推出“其子亦善游”，这样的推理，“亦必悖矣”。

例3.据报载某城市某单位，有一位姓张的同志，在横过马路时不走人行横道，值勤民警发现后多次喊话，张某毫不理睬，继续违章前行，当民警跑到张某面前进行劝阻时，张某竟无理质问民警：“你们交通警为什么能站在马路中间？”张某的推理是：“如果民警能站在马路中间，我就可以不走人行横道而过马路。”张某在此显然是在强词夺理。

例4.在《胭脂》这部电影中，有一个刚愎自用、自命为民请命雪奇冤的吴南岱，在审讯秀才宿介时，有这么一段推理：“与王春兰私通是你，冒名顶替是你，骗取绣鞋是你，杀人凶手当然是你。”于是将宿介屈打成招。吴南岱就是用这样的“想当然”的推理，几乎要了宿介的命。实际上，从“与人私通，冒名顶替，骗取绣鞋”，推不出宿介一定是“杀人凶手”。

在科学发展史上会出现这种情况，即一时认为已很充分的理由，经过一段时间后，由于科学的发展，发现以前的理由并不充分，或者全是谬误。例如，18世纪化学界流行的所谓燃素说就是如此。燃素说认为：可燃物质中存在着燃素，当这些物质燃烧时，燃素便以光和热的形式逸出。但物质在燃烧后，一般都增加了重量，于是燃素说认为燃素具有负质量。当时认为这样的解释是很充分的。但随着科学的发展，人类认识到这种解释完全是错误的。物体中根本不存在燃素这么一种东西，燃烧是燃烧物在较高温度时与空气中的氧气化合而发热和光的剧烈氧化过程。

能不能由这样的事实而认为充足理由律不起作用或者认为充足理由律根本不是逻辑的基本规律呢？不能。人的认识在一定阶段具有一定的局限性和相对性，但人的认识总是随着实践的发展而不断发展的。在一定发展阶段上，人们总是尽量以当时科学发展的最高水平的理论来揭示各种现象的本质与规律，解释出现各种现象的原因（从认识上讲就是理由）。当新的实践又揭示出这种解释的不充分性时，正是充足理由律要求人们找出更正确、更充足的理由来加以解释。人类的认识是不断更新与不断加深的过程，在知识更新与认识加深的时候，不是充足理由律不起作用，而正是充足理由律要起作用。如果这时充足理由律不起作用，那么，人们就无须进一步去寻求更充足的理由，这样科学就会停滞，甚至倒退，人类的认识就无从发展，社会也就会停滞不前。这显然是不行的。

有人从现代形式逻辑的观点出发，认为充足理由律不是思维的基本规律。我们认为，如果将形式逻辑看作只是一个形式化、公理化的符号演算系统，它根本不涉及具体词项与命题，充足理由律在其中是不起作用的；但如果将形式逻辑理解为不仅涉及抽象的推理形式，而且涉及具体的论证问题，它就不能不要充足理由律，充足理由律不可能不在其中起作用。在目前我国逻辑教学基本上仍囿于传统逻辑范围之内，不要充足理由律，是很难将论证的形式与规则讲清楚的。

在中学的语文教学中，掌握充足理由律就在于培养与提高学生的论证能力，要求学生在语言交流与写作中注意论证的全面性与充分性，克服论证过程的片面性与跳跃性。例如，学生作文中有这么一段话：

> 有一次，在放学以后，我一个人将教室打扫得干干净净，望着明亮的窗户，清洁的地板，整齐的桌椅，想到明天同学们可以在这么一个美好的环境里学习功课，我心里真有一股说不出的高兴。因此，我想到将来毕业以后，一定要申请到我国的边疆去，到最艰苦的地方去，到祖国最需要的地方去，为祖国的四化事业贡献我的青春。

这段文章内容是健康的，应予肯定，但在叙述过程中，思想出现跳跃，这个“因此”不知道究竟是怎样来的，上下文之间不存在一个严格的推理关系。遇到这样的文章，教师要在肯定它的思想内容的同时，也指出它的不足，而这不足主要由于没有满足充足理由律的要求。

第七章　谬误

第一节　什么是逻辑谬误

平常我们使用“谬误”一词，往往是指那些虚假的命题。一个语句如果不符合实际，我们就说这句话是虚假的，荒谬的，是一种谬误。例如，谁要说2×2=5，数学老师一定要断定这是荒谬的，是一种谬误。但是，逻辑上所讲的谬误，不是指语句的虚假性，而是指一种错误的论证，这种论证表面上按照逻辑的形式与规则进行推理，实际上却违反了逻辑的规律和规则。这种谬误不仅在结论虚假时会出现，而且在结论真实时也可能出现。试看下面四种情况：

例1. a.所有的金属都导电（真），水银是金属（真），所以，水银导电（真）。（前提真，结论真，论证正确。）

b.所有的金属都导电（真），水银导电（真），所以，水银是金属（真）。（两个前提都真，结论真，论证有谬误。）

例2. 所有的金属都导电（真），石墨导电（真），所以，石墨是金属（假）。（两个前提都真，结论假，论证有谬误。）

例3. a.所有的金属都导电（真），石墨是金属（假），所以石墨导电（真）。（一个前提假，结论真，论证正确。）[①]

b. 所有的导电体都是金属（假），石墨是金属（假），所以，石墨导电（真）。（两个前提都假，结论真，论证有谬误。）

例4. a.所有的导电体都是金属（假），石墨导电（真），所以，石墨是金属（假）。（一个前提假，结论假，论证正确。）

b.所有的金属都不是导电体（假），石墨不是金属（真），所以，石墨不是导电体（假）。（一个前提假，结论假，论证有谬误。）

从上述例证看出，当前提真、结论假时，论证过程一

---

① 前提中只要有一个是假的，整个前提就是假的。

定有谬误。在其他三种情况，即当前提真，结论真；前提假，结论真；前提假，结论假时，论证过程都可能有谬误。这告诉我们，绝不能因为结论真就以为论证过程一定没有谬误，如果加以认真的检验，仍可能发现在某些推理环节中，有违反逻辑规律和规则的地方。

谬误可以分为语形的谬误、语义的谬误、语用的谬误三种。

所谓语形的谬误，是指那些违反推理规则的纯形式的谬误。例如，上述例2，就是纯形式的谬误，因为它违反了直言三段论的第一条规则：“中项至少要周延一次。”这里中项是“导电”，它两次作为肯定命题的谓项，两次都不周延，因此，这个三段论的推理是非有效的。

所谓语义的谬误，是指那些语词、语句意义上出现歧义、混淆，以及论证时非形式的谬误。例如，在上一章讲同一律时所举的例子，有人将“道士”与“出家人”这两个含义有区别，外延有交叉的语词看作同一语词，就属于语义方面的谬误。

所谓语用的谬误，是指涉及语词、语句的表述者、听者和语言环境方面的谬误。例如，将在特定的时间、地点、条件下对特定的人为真的语句，当作在任何时间、地点、条件下对任何人皆为真的语句。

现在将各种逻辑谬误分别陈述于后。

第二节　语形的谬误

我们在推理的章节中，列出了一些推理的规则，凡是违背这些规则的都属于语形方面的谬误。虽然在前面我们已经谈了不少，现在再集中地列举几种比较容易出现的语形谬误，以便引起读者注意。在论证过程如果出现了语形的谬误，由真实的前提就不能必然地推出真实的结论。

一　有关直言三段论的谬误

1. 中项两次不周延的谬误

直言三段论要求中项至少周延一次，违反这条规则就会出现中项两次不周延的谬误。

例如：有的鸟不会飞

鸵鸟是鸟

所以，鸵鸟不会飞

这里两个前提与结论都是真实的，但中项（“鸟”）作为特称命题的主项和肯定命题的谓项，两次不周延，因此，结论即使真实，也不是由前提必然推出来的。

在论辩中如果发现对方的论证有中项两次不周延的谬误，可以据此进行反驳。

例如鲁迅的《朝花夕拾》中的《狗，猫，鼠》一文中说：

> 从去年起，仿佛听得有人说我是仇猫的。那根据自然是在我的那一篇《兔和猫》。这是自画招供，当然无话可说，——但倒也毫不介意。一到今年，我可很有点担心了。……为什么呢？因为这些大脚色是"不好惹"的。怎地"不好惹"呢？就是怕要浑身发热之后，做一封信登在报纸上，广告道："看哪！狗不是仇猫的么？鲁迅先生却自己承认是仇猫的，而他还说要打'落水狗'！"这"逻辑"的奥义，即在用我的话，来证明我倒是狗，于是而凡有言说，全都根本推翻，……

鲁迅在这里是通过揭露那些"不好惹"的大脚色逻辑论证上的谬误来进行反驳，这种谬误的论式是：

狗是仇猫的，

鲁迅是仇猫的，

所以，鲁迅是狗。

“仇猫的”这个中项作为两个肯定前提的谓项，两次不周延，因此，这种论证是错误的。

2.大项不当周延的谬误

直言三段论要求在结论中周延的词项在前提中一定周延。如果结论中的大项周延而在前提中不周延，就出现大项不当周延的谬误。

例如：所有的鱼都是水生动物，

海豚不是鱼，

所以，海豚不是水生动物。

“水生动物”在结论中作为否定命题的谓项，周延，但在前提中作为肯定命题的谓项，不周延，这就属于大项不当周延的谬误。

3.小项不当周延的谬误

例如：所有的鱼都是水生动物，

所有的鱼都是卵生动物，

所以，所有的卵生动物都是水生动物。

“卵生动物”在结论中是全称命题的主项，周延，在前提中是肯定命题的谓项，不周延，这就属于小项不当周延的谬误。

二　有关假言推理的谬误

1.肯定后件的谬误

这里的假言推理是指充分条件假言推理，即它的第一个前提是充分条件假言命题。这种推理只允许通过肯定前件而肯定后件，不允许通过肯定后件来肯定前件。否则就会出现肯定后件的谬误。

例如：如果试管内充满着氧气，那么点火就会燃烧，
现在这个试管点火就燃烧，
———————————————
由此可见，试管内充满着氧气。

这是不确定的，因为试管内有氢气，也同样可以燃烧。

2.否定前件的谬误

充分条件假言推理允许通过否定后件来否定前件，不允许通过否定前件来否定后件。不然就会出现否定前件的谬误。

例如：如果试管内充满着氧气，那么点火就会燃烧，
现在试管内不是充满了氧气，
———————————————
所以，试管点火不会燃烧。

这也是不确定的，因为试管不是氧气，而是氢气，点火后仍会燃烧。

三　有关选言推理的谬误

1. 肯定不当的谬误

即使选言前提是相容的，也不允许通过肯定一个选言肢而肯定另一个选言肢。否则就会出现肯定不当的谬误。

例如：学生宿舍发生盗窃案件，或者是外窃，或者是内窃，

这件盗窃案件是内窃，

所以，这个案件也是外窃。

这种论证是没有必然性的，结论可能是假的。

2. 否定不当的谬误

当选言命题是相容的，不允许通过肯定一个选言肢去否定另一个选言肢。否则，就会出现否定不当的谬误。

例如：张老师教哲学，或者教逻辑，

张老师是教哲学，

所以，张老师不教逻辑。

这种论证也没有必然性，因为这位张老师可能既教哲学又教逻辑。

四　有关否定复合命题的谬误

1. 否定联言命题的谬误

否定联言命题“p并且q”，推出选言命题“非p或者

非q”，而不是推出联言命题“非p并且非q”。

例如：选言命题“小玲学过英语又学过日语”，如果给予否定，应推出选言命题“小玲没有学过英语，或者没有学过日语”，不能必然推出联言命题“小玲既没有学过英语，也没有学过日语”。

如果由“并非（p并且q）”推出“非p并且非q”，就是一种谬误。

2.否定选言命题的谬误

否定选言命题“p或者q”，推出联言命题“非p并且非q”，而不是推出选言命题“非p或者非q”。

例如：选言命题“小玲学过英语，或者学过日语”，如果给予否定，应推出联言命题“小玲既没有学过英语，也没有学过日语”，不能推出选言命题“小玲没有学英语，或者没有学过日语”。因为“小玲没有学过英语，或者没有学过日语”跟“小玲学过英语，或者学过日语”并不矛盾。

如果由“并非（p或者q）”推出“非p或者非q”，也是一种谬误。

第三节 语义的谬误

一 有关语词的谬误

1.歧义的谬误

自然语言中很多词都是多义的，但在特定的环境中一般都具有确定的含义，不会造成误解。如果由于语词的多义性在一定的语境中仍可以作多种含义的理解，就称之为歧义的谬误。

例如，夔是中国古代传说中的一种异兽，状如牛而无角，一足。（见《山海经·大荒东经》）后人附会为舜时的乐官夔只有一只脚。《吕氏春秋·察传》中有这么一个故事：

鲁哀公问于孔子曰："乐正夔一足，信乎？"孔子曰："……若夔者，一而足矣，故曰夔一足，非一足也。"

这是由于“足”字造成的歧义，“足”在古汉语中可以作“脚”解，也可以作“足够”解。所以，“一足”可以理解为“一只脚”，也可以理解为“一个就足够了”。鲁哀公作前者解，孔子作后者解。一句话可作两种理解，这句话就有歧义。我们平时说话或写作时，一定要注意不要出现歧义。

2.混义的谬误

在论证过程中，一会儿在这种含义上使用某一个词，一会儿又在另一种含义上使用同一个词，这就会产生混义的谬误。

例如下文：

> 我从小就爱运动，爱踢小皮球，踢毽子，游泳。到了中学，又迷上了打篮球，甚至想将来做个篮球运动员。中学学了物理，认识到运动是物体之间或者物体内部之间相对位置发生变化的过程，我想我们打篮球或参加别的运动不都是物体之间与物体内部相对位置的变化吗？后来学了哲学，更进一步认识到运动是物质的存在的形式及其固有的属性。的确，运动也是我存在的形式和我所固有的属性。有了对运动的理性认识，我就锻炼得更积极了。

作者试图证明体育运动的重要性，但他在这段话里使用的“运动”一词，一会儿指体育运动，一会儿指机械运动，一会儿又指哲学上的物质运动。这些词表达的是不同的概念，使用中不容混淆，作者予以混用，结果什么问题也没有说清楚。

3.语义不明的谬误

这往往跟生造词语有关。

例如“地壳中包含着大量的未来的金属”，这“未来的金属”不知道是指一种什么样的金属，是指其元素已经发现但蕴藏在地下目前还没有开采出来的金属，还是指那些尚未发现，但随着科学技术的发展将要发现的金属？这就是语义不明。

再如“一位落榜的大学生”，是指高中毕业考大学未被录取的学生，还是大学毕业考研究生未被录取的学生？语义不明。

有时也可能因为过分简略而出现语义不明的现象。例如，某报曾有过这样一个标题：“本市猪蛋上市量大幅度增长”。别人读起来以为现在除了鸡蛋鸭蛋之外，又出了一个新的品种，叫“猪蛋”。即使不理解为“猪生的蛋”，那么，是不是可以理解为“猪和蛋”大量上市呢？也有问题。因为上市的是猪肉，虽然猪也可以赶到市场上卖，但在大城市里是很少看见直接赶着猪来卖的，因此，为了明确起见，最好写成“猪肉和鲜蛋”。

二　有关语句的谬误

1.句义含混的谬误

一个句子具有歧义，可能是由于句子里某个词的多义性造成的，也可能是由于句子结构的原因造成的。前者我们在歧义的谬误中讲到了。现在讲讲由句子结构的原因造成的歧义句，我们将这种谬误称之为句义含混的谬误。

例如过去算命先生会说这样的话：“父在母先亡”。去算命的人以为他算得真灵。其实这是一个意义含混的句子，它可以解释为“父亲已在母亲之前去世”，也可以解释为“父亲还健在，母亲已经去世”，或解释为“父亲母亲都还健在，将来父亲在母亲之前去世”。这样不管去算命的人实际情况如何，算命先生的话都是正确的。产生这种句义含混现象的原因主要在于句子的语法结构。

“在无政府主义思潮泛滥的时候，他也不随波逐流，按时上下班。”这里涉及“不”这个否定词的管辖范围的问题。这句话可以解释为“他不随波逐流，他仍然按时上下班”，也可以解释为“他不随波遂流；他不按时上下班”。

“周恩来同志在上海摄影图片展览”（报刊语）。这既可以解释为“将周恩来同志在上海进行活动时别人给他照的相片陈列出来让大家参观”，也可以解释为“将周恩来同志自己在上海拍的照片（预设周恩来同志会拍照）陈列出来让大家参观”。

“学习××不搞形式主义”（报刊语）。这句话可以理解为“我们要学习××那种不搞形式主义的作风”，也可以解释为“我们学习××，要扎扎实实地学，不要搞形式主义”。

句义含混是一种比较容易出现的错误，我们在说话、写作时，要特别注意。

2. 重点强调不当的谬误

一个语句在一个语言环境中有它确定的完整意义，但人们往往会强调某一局部的意义，抓住其中的个别语词加以发挥，而忽略其完整的意义。这种谬误就称之为重点强调不当的谬误。

例如西方民间流行这么一条规诫：“你不要对你的邻居做假证”，有人故意强调中间的“对你的邻居”几个字，将它读成重音，这样，这句话的意思就变成了只是不要对邻居做假证，而对其他人做假证似乎没有关系。这就属于重点强调不当的谬误。学生作文有时误解题意，只抓住题目中的个别语词做文章，以为抓住了这个词就抓住了整个题目，这也属于重点强调不当的谬误。例如，题目是“雨后”，却重点写了“雨”，而未写“雨后”；题目是“说不怕鬼”，却重点写成了一个非常可怕的鬼的故事，结果不是“不怕鬼”，而是“怕鬼”，至于“说”字，则完全忘了。

3.复杂问句的谬误

在询问别人的时候，将两个以上的不同的问题合在一起，要求对方做一个单一的回答。例如问：“你什么时候戒的烟？”在这个问句里实际上包含三个问题：“你过去抽过烟吗？”“你已经戒烟了吗？”“你什么时候戒的烟？”只有在对第一个问题做了肯定答复之后才能有第二个问题，只有在第二个问题做了肯定答复之后，才能有第三个问题。如果对一个从来不抽烟，或抽了烟并没有戒烟的人，直接提第三个问题，并要求对方做单一的回答，对方就会陷入无从答复的困境。这样提问题就会产生复杂问句的谬误。

旧社会有一个县官审案，问：“你为什么杀人？”并要求对方只能就这一问题做答复。对方无形中已被肯定杀过人。这是县官有意坑害人。县官所犯的就是复杂问句的错误。

复杂问句牵涉到语句预设问题，见本书第二章第四节，读者可参阅。

4.断章取义的谬误

这特别表现在引述别人的话（或文章）时。不顾其全部的意义而只取其一局部的意义，予以歪曲论证。

例如，《诗·商颂·玄鸟》中有这么一句："邦畿千里，维民所止。"（大意是：国都附近千里之内，皆人民居住的地方。畿是靠近国都的地方，止是居住、栖息的意思。）清雍正四年，江西正考官是礼部侍郎查嗣庭，出的试题是"维民所止"，有人就去告状，不顾"维民所止"的原意，说是"维止"两个字是取"雍正"二字去其首也。于是清朝皇帝大兴文字狱，"将查嗣庭革职拿问，交三法司严审定拟。"（见《清朝野史大观》卷三）

又如清乾隆二十年，由于胡中藻写了这样的诗句："一把心肠论浊清"，加"浊"字于国号之上，也施以重刑。（同上）

这些从逻辑上讲，都是属于断章取义的谬误。

三 有关论证的谬误

1.分称的谬误

有些属性只属于某个集合体而不属于这个集合体中的个体。如果将集合体所具有的某种属性无条件地分配给集合体中的个体，就犯有分称的谬误。例如：

中国人制成了自己的人造地球卫星，

张三是中国人，

所以，张三制成了自己的人造地球卫星。

2.总合的谬误

总合的谬误跟分称的谬误正好相反，它将分属于个体的属性，归于这个个体所属的集合体。例如：

三角形的三边都是由一条直线构成的，

所以，三角形是由一条直线构成的。

3.偷换论题的谬误

论证过程不管原论题的要求，去证明跟原论题不相干的另一论题，就称为偷换论题的谬误。例如，1980年在南昌十三省水资源会议上，长江流域许多省的水利部门提出：长江水系泥沙含量在增加。但是有的同志不同意这一观点，认为长江水系含沙量并没有增加。有一位同志为此在《人民日报》上发表文章，题为“长江的输沙量并没有增加”，他是用“输沙量”的减少来证明“含沙量”并没有增加，实际上“输沙量”与“含沙量”并非同一概念，这就出现了“偷换概念”的谬误，同时，也出现了“偷换论题”的谬误。

4.预期理由的谬误

所谓预期理由，即理由本身的真实性尚未得到确证。

由这样的理由推出的结论是值得怀疑的。

宋朝苏轼的应试文《刑赏忠厚之至论》中有这么一段话："当尧之时，皋陶为士，将杀人。皋陶曰，杀之三，尧曰，宥之三。故天下畏皋陶执法之坚，而乐尧用刑之宽。""皋陶曰"一句，阅卷人欧阳修不知其出处。等苏轼考中后入谢时，欧阳修问苏轼这两句话的出处，苏轼笑着说："想当然耳。"欧阳公也大笑。论证中这种想当然的论据是不足为据的，使用这种论据就犯有预期理由的错误。

莫里哀的剧本《悭吝人》中的大师傅兼马车夫雅克对他的主人说，主人的箱子是管家瓦赖尔偷了。主人问他："根据是什么？"雅克说，"我是根据我这样想的。"这也属于预期理由的谬误。

5.循环论证的谬误

所谓循环论证，就是将所要证明的结论有意或无意地又作为理由来进行论证。即用A证明B，又用B证明A，这样循环往复，永无止境。有时循环论证不是直接出现，而是经过几重曲折之后再出现，如以A证明B，以B证明C，以C证明D，又以D证明A。这种循环论证要特别注意，因为它不容易被发现。

例如马克思的《剩余价值理论》第三册第十九章有一段揭露马尔萨斯循环论证的文章：

我们这里看到的是日常生活中人们对这种事情的十分粗俗的观念。用莫测高深的语言来表达的不过是肤浅的见解。换句话说，这无非是把费用价格和价值等同起来，——这种混同，在亚当·斯密著作中，尤其是在李嘉图著作中是和他们的实际分析相矛盾的，而马尔萨斯却把它奉为规律。因此，这是沉湎于竞争、只看到竞争造成的表面现象的市侩所特有的价值观。费用价格究竟是由什么决定的呢？由预付资本的量加利润决定。而利润又是由什么决定的呢？利润的基金是从哪里来的呢？代表这一剩余价值的剩余产品是从哪里来的呢？如果问题只在于名义上提高货币价格，那么提高商品的价值是最容易的事了。预付资本的价值又由什么决定呢？马尔萨斯说，是由预付资本中包含的劳动的价值决定的。劳动的价值又由什么决定呢？是由花费工资购买的商品的价值决定的。而这些商品的价值又由什么决定呢？由劳动的价值加利润。这样，我们只好不断地在循环论证里兜圈子。（《马克思恩格斯全集》第26卷第26页）

6. 文过饰非的谬误

有人在论辩时，不敢说出真实的理由，往往举出一些似是而非的、冠冕堂皇的理由来欺骗别人。例如，有人在与外商接触中，接受大量贿赂，当司法部门追查时，他不说出其真实动机，反而掩饰说这只是为了搞活经济，开拓产品销路的一种手段。

又如，鲁迅在《且介亭杂文末编》的《半夏小集》中有这么一段对话：

> A：B，我们当你是一个可靠的好人，所以几种关于革命的事情，都没有瞒了你。你怎么竟向敌人告密去了？
>
> B：岂有此理！怎么是告密！我说出来，是因为他们问了呀。
>
> A：你不能推说不知道吗？
>
> B：什么话！我一生没有说过谎，我不是这种靠不住的人！

这是典型的叛徒逻辑。B向敌人告密，却以“我一生没有说过谎”来辩护。从逻辑上说，这属于文过饰非的谬误。

7.论据虚假的谬误

以实际证明为虚假的命题作为理由来进行论证，就犯有论证虚假的错误。

例如，古人以淤泥、污水中可以生出鱼和蛙，腐肉里生出蛆为据，证明生物是从非生物中直接长出来的，虽然这里包含有朴素的辩证法思想，但它的论据是虚假的，这是由于观察不严密造成的。淤泥、污水、腐肉如果给以密封，不管多长时间，都是长不出鱼、蛙和蛆来的。

法律上所谓伪造证据，就属于论据虚假的谬误。

论据虚假并不是说结论一定虚假，这是要特别注意的。也就是说，不能以为论据虚假就推出结论一定虚假。

8.非黑即白的谬误

即将反对关系的语句都看成矛盾关系的语句，看问题好走极端，什么东西不是好的，就一定是坏的，不是善的，就一定是恶的。一种思想不是马克思主义的，就一定是反马克思主义的。一个人不是朋友，就是敌人。这种推理方法就是：

一切颜色或者是黑色，或者是白色，

这种颜色不是黑色，

所以，这种颜色一定是白色。

这种推理之所以错误，在于第一个前提没有穷尽一切可能，即没有看到颜色除了黑色、白色之外，还有红色、黄色、蓝色……

9.轻率概括的谬误

在归纳推理过程中，如果在还没有积聚起足够的材料可据以概括之前，就做出结论，这样的结论往往是不真实的。逻辑上将这种谬误称之为轻率概括的谬误，或称以偏概全的谬误。

例如，过去世界石油有机生成学派中的一些人，根据个别国家从陆相地层没有开采出石油的事例，就得出结论：所有的陆相地层都没有储藏石油，从而断定大部分地区属于陆相地层的中国是一个“贫油”国家。这就犯了“轻率概括”的错误。因为实际上中国地下的石油资源还是比较丰富的。

10.以先后为因果的谬误

在探求事物的因果联系过程中，不考虑别的因素，只根据事物出现的先后顺序而推断它们具有因果联系，这就犯了以先后为因果的错误。

例如，19世纪英国经济学家、伦敦大学教授杰文斯提出一种经济危机的理论。他观察到太阳黑子活动的周期性出现与资本主义经济危机的周期性出现的偶合性，就认为太阳黑子活动是资本主义社会出现经济危机的原因。这就是以先后为因果的谬误。

日常生活中的一些迷信现象往往犯有以先后为因果的错误。例如，出门遇见乌鸦叫，就看作是这一天办事不顺利的原因。

欧美很多人认为“13”这个数字不吉利，是因为耶稣同他的12个门徒共13人吃过“最后的晚餐”，之后就被钉死在十字架上。人们很忌讳“13”这个数字，甚至门牌号码都以“12A”来代替“13”。由于某些偶然的原因，人们对“13”更加心怀恐惧。例如南非一家欧洲人经营的工厂有一次发生了爆炸，人们找其原因认为这一事件与“13”有关：该厂的门牌是13号，爆炸的日期是当月13日，该厂的工人也在这一天由7人增加到13人。这也是一个以先后为因果的典型事例。

西方有人认为哈雷彗星的出现与地球上的天灾人祸——战争、瘟疫、国王去世、国家覆灭等有关。例如哈雷彗星在公元前240年出现，罗马与迦太基进行战争。到公元前12年再度出现时，古罗马名将阿古利巴身亡。公元66年，它飞越耶路撒冷上空，犹太历史学家约瑟弗斯预言该城将被毁灭，果然于4年后陷落。公元1066年哈雷彗星又出现，英王哈罗德与其部下看见这颗熊熊燃烧的彗星时，都吓得胆战心惊，几个月后，哈罗德去世，他的对手威廉成为英王。这些看法都属于以先后为因果的谬误。

第四节　语用的谬误

一　诉诸强力的谬误

在论证的过程中不是借助于逻辑的力量，而是借助于逻辑之外的某种强力，就称为诉诸强力的谬误。如有人说："你不听我的，我就揍你。"在国与国的关系上，也常出现这种情况，执行所谓"强权即公理"的原则，例如，日本军国主义曾妄图灭亡中国，1915年向袁世凯提出21条要求，其实质就是要中国隶属于日本。袁世凯为了个人称帝的需要，竟派人与之谈判，在谈判期间，日本军国主义以"换防"为名，增兵东三省、山东、天津等地，进行武力威胁。5月7日提出最后通牒，限袁世凯于48小时内答复。后由于全国人民的坚决反对，才使日本军国主义的侵略要求未能实现。日本军国主义这种做法，从逻辑上说，就属于诉诸强力的谬误。

二　诉诸无知的谬误

凡是没有充分的论据而做定论的，就犯了诉诸无知的谬误。例如，18世纪英国主观唯心主义哲学家休谟有这么一段关于神的存在的论证：

> 我（克林希斯）简要地解释一下我是怎样想到这一点的。看看周围的世界，考虑一下它的整体和每一小部分，你将发现不过是一架大机器再分成无数的较小的机器，它还可以再分下去，一直到超出人们的感官和能力所能描绘和解释的程度。所有这些不同的机器，甚至它们的最微小的部分，都是彼此非常准确地衔接在一起，这使所有曾经思考过它们的人都为之赞叹不已。这种贯穿整个自然的、适应于达到目的的奇妙的方式，与人们的发明、人们的设计、思想、智慧和智力的产物非常相似，虽然它已大大超过后者。因此，由于它们的结果的相似，我们借助于所有类比的规则，导致推出其原因也是相似的，自然界的创造者是某种类似于人的心灵的东西，不过这个自然界的创造者具有大得多的能力，这种能力分布在它的制作的宏伟的成果上。单靠……这样的论证，我

们就能立即证明神的存在，以及它与人们的心灵和智力的类似性。（休谟《自然宗教对话录》）

显然，这样的证明完全是出于对自然的无知的结果。

三　诉诸情感的谬误

逻辑是讲理性的，当然人总是有情感的，但是，如果在论证的过程不是探求逻辑上的真假对错，而企图靠煽动听众或读者的情感来获得支持，这种谬误就称为诉诸情感的谬误。

例如，曾有美国旅店皇后之称的利昂娜因偷税罪被起诉。在有数百人旁听的法庭上，利昂娜装出一副可怜相，哭哭啼啼地求情说："没有人能够想象我感到多么羞愧。我觉得我如在噩梦之中。三年前，我失去了独生儿子杰伊。我求求你们，不要让我失去我的丈夫哈利。我俩只有工作和相互扶持，除此之外，我们什么也没有。"

从逻辑上说，这就属于诉诸情感的谬误。

四　诉诸多数的谬误

真理并不永远在多数人的手里。有时以为多数就是有理的，于是在论证中不是求认识的真理性，而求煽动多数来取胜。

例如，从古代一直到文艺复兴时期，多数人都以为地球是宇宙的中心，太阳是围绕地球转的。一直到16世纪，波兰天文学家哥白尼经过长期的观察和研究，才提出日心说，认为处于宇宙中心的不是地球而是太阳。后来意大利科学家布鲁诺到处宣传哥白尼的学说。罗马天主教会竟以教义和多数人的信仰为由，将布鲁诺处以火刑。这就是诉诸多数的谬误。

五　诉诸权威的谬误

在科学讨论中，应该尊重权威的意见，因为他们对一门科学做了深入的研究，他们掌握了一般人还没有掌握到的真理。但是，某一个领域的权威并非对任一领域都有深入的研究，并非句句话都能代表真理。如果不以实践作为检验真理的标准，单纯地以权威的话作为根据，特别是在科学发展之后，仍死抱住过去权威的话不放，企图引用过去权威的话来为自己的错误观点辩护，就犯有诉诸权威的错误。

例如，当哥白尼提出了日心说以后，一些天主教神甫为了证明日心说的错误，就以《圣经》上记载的约书亚的传说为论据，说约书亚为了来得及结束战斗，曾要求上帝留住太阳，而不是留住地球。由此可见，转动的是太阳，而不是地球。这充分说明神学家们，无视经验的证实，只以权威的意见和《圣经》为最高的准则。

17世纪意大利的科学家伽利略在一封信里说，有一位学生告诉自己的经院哲学家老师，说他看见了太阳上的黑子，这位老师就对学生说："走吧，我的孩子，回家去吧！无论在《圣经》或亚里士多德的学说里都没有谈到黑点，这些黑点只在你的眼睛里，而不是在太阳上。"

这些都犯有诉诸权威的谬误。

六　诉诸品格的谬误

讨论时撇开讨论的论题与论据，却去讨论对方的品格如何。企图借助于对方品格上的某一缺点来说明对方的论题、论据的虚假和论证的错误。

在法庭上有时出现这种情况，有的人不是揭露对方违法或犯罪的事实，而是讲有关对方过去的人品上的事，而这些事与案情毫无关系，如对方过去曾打过架、偷过东西。其实即使对方过去真打过架、偷过东西，也不能说明当前他一定违了法、犯了罪。

七　诉诸偏见的谬误

在评判是非曲直的过程中，参与某种个人的偏见，就是诉诸偏见的谬误。例如，由于当前科学水平不够高，我国的天气预报还难以做到绝对准确。有人为此淋过雨，遭过困，于是产生一种偏见，认为天气预报一定不准。于是你说明天天晴，他偏说明天有雨；你说明天刮东南风，他偏说明天要刮西北风。也就是说，处处要反其道而行之。这些都属于诉诸偏见的谬误。

又如，一位领导对某个下属印象好，就认为这个下属不论提的什么意见，做的什么事都是好的；如果对某个下属印象不好，就认为这个下属不论提的什么意见，做的什么事都是不好的。老师对学生，家长对子女，有时也出现这种情况。这也都属于诉诸偏见的谬误。

八　以相对为绝对的谬误

把在一定条件下，一定的时间、空间之内为正确或错误的事，推广于任何条件、任何时间与空间。这就是以相对为绝对的谬误。

例如，水在100℃时沸腾，这句话是真的，但不是在任何条件下都是真的，它只是在一个标准大气压的条件下是真的。如果这个条件变了，如在青藏高原或在高压的锅炉中，水就不是在100℃沸腾，它可能在超过100℃或不到100℃时沸腾。这样单纯根据水沸腾这一现象推断水的温度为100℃，是可能出现错误的。

其实，以相对为绝对是很容易犯的逻辑错误。人们的认知往往是在克服绝对化错误的过程中发展的。苏格拉底的精神助产术也往往是帮助人们克服绝对化的错误。例如苏格拉底与埃弗奇詹姆的对话：

苏：能否区别正义与非正义？

埃：能。

苏：欺骗属于正义还是非正义？

埃：非正义。

苏：欺骗敌人也属于非正义么？

埃：不是。

苏：是不是可以这样归纳：欺骗用在敌人身上属于正义行为，用在朋友身上属于非正义行为。

埃：对。

苏：假如在士气低落时，谎称援军来了，是正义的还是非正义的？

埃：是正义的。

苏：你是说，道德不能用是否欺骗来评价对吗？

埃：的确如此。

埃弗奇詹姆对于“欺骗”的认识，正是在苏格拉底的追问下克服了以相对为绝对的错误而走向正确和恰当。

第五节 诡辩与对诡辩的驳斥

诡辩一定包含逻辑谬误，但它不是一般的不自觉地出现的谬误，而是有意识地出现的一种谬误，它是自觉地为一种错误的观点做辩护。

在古希腊有一学派叫诡辩学派，这是一批职业教师，在各地教育民众，传授辩论术，修辞学，以取得一点报酬。他们教导自己的学生，要善于替任何论题辩护。他们认为，对每一个论据都可以同样令人信服地举出另一个完全相反的论据。这就完全不管一个命题客观上的真假问题。后来有的哲学家就骂这些人为“批发或者零售灵魂的粮食的人”。

亚里士多德在《形而上学》一书中曾经是这样批判诡辩术的：“辩证家与诡辩派穿着与哲学家相同的服装；对于诡辩术，智慧只是貌似而已，……哲学在切求真知时，辩证法（即辩论术。——引者）专务批评；至于诡辩术尽管貌似哲学，终非哲学。”

作家王蒙曾写过一篇微型小说，题名《雄辩症》，对诡辩手法有一个非常形象和简练的描述。

一位医生向我介绍，他们在门诊中接触了一位雄辩症病人。医生说：“请坐。”

病人说：“为什么要坐呢？难道你要剥夺我的不坐权吗？”

医生无可奈何，倒了一杯水，说：“请喝水吧。”

病人说：“这样谈问题是片面的，因而是荒谬的，并不是所有的水都能喝。例如你如果在水里掺上氰化钾，就绝对不能喝。”

医生说：“我这里并没有放毒药嘛。你放心！”

病人说：“谁说你放了毒药呢？难道我诬告你放了毒药？难道检察院起诉书上说你放了毒药？我没说你放毒药，而你说我说你放了毒药，你这才是放了比毒药还毒的毒药！”

医生毫无办法，便叹了一口气，换一个话题说：“今天天气不错。”

病人说：“纯粹胡说八道！你这里天气不错，并不等于全世界在今天都是好天气。例如北极，今天天气就很坏，刮着大风，漫漫长夜，冰山正在撞击，……”

医生忍不住反驳说：“我们这里并不是北极嘛。”

病人说：“但你不应该否认北极的存在。你否认北极的存在，就是歪曲事实真相，就是别有用心。”

医生说：“你走吧。”

病人说：“你无权命令我走。你是医院，不是公安机关，你不可能逮捕我，你不可能枪毙我。”

……

如果对诡辩术认识得还不够的话，通过阅读这篇微型小说，就会对诡辩术有一个具体的了解。

要揭露与驳斥诡辩术，一方面要求我们具有比较丰富的逻辑知识，另一方面要求对所讨论的问题有比较深刻的钻研，同时还要求对马克思主义的哲学有相当的了解。

从逻辑方面说，我们在本书中所分析的所有谬误在诡辩中都可能出现。从小说中那位病人来看（他代表所有的诡辩论者）他所使用的最突出的诡辩手法，就是不时地偷换论题，即违反逻辑中最基本的规律——同一律。他往往将子虚乌有的东西强加到对方的身上，如医生说“请坐”，他就说“你要剥夺我的不坐权”。

其次，只求对自己有利，任何论据（不管是真实的，还是虚假的，甚至是捏造的，如病人说：“你如果在水里掺上氰化钾”）都会使用。

第三，总是以最恶毒的罪名强加在对方身上，如说：“你这才是放了比毒药还毒的毒药！”必欲置对方于死地而后快。因为如果不将对方彻底压垮，他就不能算取得最终的胜利，就不能达到他要进行诡辩的目的。

第四，经常违背最基本的推理规则。如说：“我没说你放毒药，而你说我说你放了毒药，你这才是放了比毒药还毒的毒药！”这里前提不真实，结论也不真实，前提与结论更无任何内在的逻辑联系。

第五，往往以马克思主义哲学为幌子，似乎只有他们才是真正掌握了唯物辩证法的人，他们时时在教训别人：“这样谈问题是片面的，因而是荒谬的”等等。

逻辑基本知识已经讲完了。但是学完了，并不一定就学会了。希望读者读了这本书以后，要经常将所学的知识在实践中加以使用，这样才能不断地加深理解，提高自己运用逻辑的能力。有的同志如果在读完本书之后还有兴趣，不妨再选读一本更深一点和更系统一点的逻辑教材，或者再学一点数理逻辑的知识，我想那一定会更有收获的。

附　录

《放下包袱，开动机器》的逻辑分析

①为了争取新的胜利，要在党的干部中间提倡放下包袱和开动机器。②所谓放下包袱，就是说，我们精神上的许多负担应该加以解除。③有许多的东西，只要我们对它们陷入盲目性，缺乏自觉性，就可能成为我们的包袱，成为我们的负担。例如：④犯过错误，可以使人觉得自己反正是犯了错误的，从此萎靡不振；未犯错误，也

①全文中心论题，即本文所要论证的中心思想。

②用定义的方法，揭示“放下包袱”这一短语的内涵。“包袱”的这一涵义是在比喻的意义上使用，故称比喻意义。

③分析造成包袱的条件（原因）。“只要……就……”表述一个充分条件假言命题。

④⑤⑥⑦⑧⑨是以不同的例证来证明③，这里使用的是归纳推理。而每一例证中，又从不同的方面加以分析，如“犯过错误”与“未犯错误”；“工作无成绩”和“工作有成绩”；等等。

可以使人觉得自己是未犯过错误的，从此骄傲起来。⑤工作无成绩，可以使人悲观丧气；工作有成绩，又可以使人趾高气扬。⑥斗争历史短的，可以因其短而不负责任；斗争历史长的，可以因其长而自以为是。⑦工农分子，可以自己的光荣出身傲视知识分子；知识分子，又可以自己有某些知识傲视工农分子。⑧各种业务专长，都可以成为高傲自大轻视旁人的资本。⑨甚至年龄也可以成为骄傲的工具：青年人可以因为自己聪明能干而看不起老年人，老年人又可以因为自己富有经验而看不起青年人。⑩对于诸如此类的东西，如果没有自觉性，那它们就会成为负担或包袱。⑪有些同志高

⑩是④到⑨的概括，也就是说④到⑨是归纳的前提，⑩是归纳的结论。⑩与③是一致的，遵守了思维的同一律。但这个结论本身表述为一个充分条件假言命题：如果p，那么q。（p表示“没有自觉性”，q表示“成为包袱”）

⑪这是一个肯定前件式的充分条件假言推理，它隐藏在语言形式的后面。揭示出来是这样的：

任何人如果背上了④到⑨诸如此类的包袱，那么他就会高高在上，脱离群众，屡犯错误。

有些同志背上了这类包袱，

所以有些同志高高在上，脱离群众，屡犯错误。

其形式是：如果q，那么r，q，所以r（q表示“背上包袱”，r表示“高高在上……屡犯错误”）

高在上，脱离群众，屡犯错误，背上了这类包袱是一个重要的原因。⑫所以，检查自己背上的包袱，把它放下来，使自己的精神获得解放，实在是联系群众和少犯错误的必要前提之一。……

⑬所谓开动机器，就是说，要善于使用思想器官。⑭有些人背上虽然没有包袱，有联系群众的长处，但是不善于思索，不愿用脑筋多想苦想，结果仍然做不成事业。⑮再有一些人则因为自己背上有了包袱，就不肯使用脑筋，他们的聪明被包袱压缩了。⑯列宁斯大林经常劝人要善于思索，我们也要这样劝人。⑰脑筋这个机器的作用，是专门思想的。⑱孟子说："心之官

⑫是这一段的结论，这个结论是全文中心论题的第一部分。这句话实际上是说：如果要联系群众和少犯错误（即非r），那么就必须放下包袱（即非q）。

⑬第二自然段开始，首先给"开动机器"下定义。

⑭"虽然……但是……"从逻辑上说表示联言命题。这句话简而言之就是"如果没有包袱但不善于思索，那么，结果仍然做不成事业。"

⑮简而言之就是"如果背了包袱，那么就不肯使用脑筋，他们的聪明被包袱压缩了。"⑭与⑮都说明如果不开动机器，就做不成革命事业。这里隐含一个推理：我们要做成革命事业，所以，要开动机器（即要善于使用思想器官）。这是通过否定后件来否定前件。

⑯引证列宁斯大林的话，作为证明"人要善于思索"的论据。

⑰说明脑筋的作用就是专门思想的。这里隐含一个推理：人有脑筋，所以人要多思。

⑱引用孟子给"脑筋的作用"所下的定义，作为"人要善于思

则思。”他对脑筋的作用下了正确的定义。⑲凡事应该用脑筋好好想一想。俗话说：“眉头一皱，计上心来。”就是说多想出智慧。⑳要去掉我们党内浓厚的盲目性，必须提倡思索，学会分析事物的方法，养成分析的习惯。这种习惯，在我们党内是太不够了。㉑如果我们既放下了包袱，又开动了机器，既是轻装，又会思索，那我们就会胜利。

索”的论据。

⑲引用俗话作为“人要善于思索”的论据。

⑳这是从⑬到⑲论证的结论，即“如果要去掉我们党内浓厚的盲目性，就必须提倡思索，……”，这里“思索”与“学会分析事物的方法”具有同义性。其后再补充一句，现在党内一些同志思索得还不够，以作为必须提倡思索的理由。“提倡思索”即“要开动机器”，这是全文中心论题的第二部分。

㉑这是第一部分论题与第二部分论题组成的联言命题，并且进一步推出：“如果我们既放下了包袱，又开动了机器，那么我们就会胜利。”

这篇文章的逻辑结构可以列表如下：

①全文中心论题：为了争取新的胜利，要在党的干部中间提倡放下包袱和开动机器。

②“放下包袱”的定义：我们精神上的许多负担应该加以解除。

③分析造成包袱的条件（原因）。←— 归纳推理 ④⑤⑥⑦⑧⑨都是③的论据，也是⑩的论据。

⑩与③同义←—归纳推理

⑪充分条件假言推理肯定前件式：任何人如果背上了这类包袱，就会脱离群众，屡犯错误，
有些同志背上了这类包袱，
———————————
所以，有些同志脱离群众，屡犯错误。

⑫在⑪式的基础上进一步推理（否定后件式）：如果要联系群众和少犯错误，就必须放下包袱。这是第一自然段的论题，即全文中心论题的第一部分：“要在党的干部中提倡放下包袱”。

⑬“开动机器”的定义：要善于使用思想器官。

⑭与⑮都是说明“如果不开动机器，就做不成革命事业”。这里隐含一个推理（否定后件式）：我们要做成革命事业，所以，要开动机器（即要善于使用思想器官）。

⑯到⑱引用多种论据来证明“人要善于思索”。

⑳是由⑬到⑲推出的结论：“如果要去掉我们党内浓厚的盲目性，必须提倡思索。”“提倡思索”与“学会分析事物的方法，养成分析的习惯”同义，也跟前面所说的“要开动机器”同义。

这是第二自然段的论题，即全文中心论题的第二部分：“要在党的干部中间提倡开动机器”。

←㉑这是第一部分论题与第二部分论题组成的联言命题，即“我们既提倡放下包袱，又提倡开动机器”。并且据此进一步推理：“如果我们既放下了包袱，又开动了机器，那么我们就会胜利。”这与①这个中心论题前后呼应，论题保持了同一。

《订鬼》的逻辑分析

①凡天地之间，有鬼，非人死精神为之也，皆人思念存想之所致也。②致之何由？由于疾病。③人病则忧惧，忧惧见鬼出。凡人不病则不畏惧。④故得病寝衽，畏惧鬼至。畏惧则存想，存想则目虚见。

⑤何以效之？传曰："伯乐学相马，顾玩所见，无非马者。宋之庖丁学解牛，三年不见生牛，所见皆死牛也。"二者用精至矣！思念存想，自见异物也。人

①全文的中心论题。它由两个命题组成，一是"凡天地之间，有鬼，非人死精神为之也"，这是对"有鬼，人死精神为之也"的否定，即反驳；二是"凡天地之间，有鬼，皆人思念存想之所致也"。这是全文正面的论题。

②进一步提出"致之之由在于疾病"。由疑问句及其回答表述因果关系。也就是说：人病则思念存想，思念存想则见鬼也。

③两个纯假言推理：a人病则忧惧，忧惧见鬼出。（省略：故人病则见鬼出。）b凡人不病则不畏惧。（省略：不畏惧则不见鬼也，故凡人不病则不见鬼出。）

④将③a省略的部分以更为严密的形式表述出来：故人病则畏惧，畏惧则存想，存想则目

病见鬼，犹伯乐之见马，庖丁之见牛也。伯乐，庖丁所见非马与牛，则亦知夫病者所见非鬼也。

⑥病者困剧，身体痛，则谓鬼持箠杖殴击之，若见鬼把椎锁绳纆，立守其旁。病痛恐惧，妄见之也。⑦初疾畏惊，见鬼之来；疾困恐死，见鬼之怒；身自疾痛，见鬼之击：皆存想虚致，未必有其实也。

⑧夫精念存想，或泄于目，或泄于口，或泄于耳。泄于目，目见其形；泄于耳，耳闻其声；泄于口，口言其事。⑨昼日则鬼见，暮卧则梦闻。独卧空室之中，若有所畏惧，则梦见夫人据案其身哭矣。觉见卧闻，俱用精神；畏惧存想，同一实也。

虚见（鬼至），故人病见鬼出。③④都是用假言推理的形式推出②，从而也推出①。

⑤整个是一个类比推理。结论是②，论据是伯乐相马与庖丁解牛的故事。由“人病见鬼，犹伯乐之见马，庖丁之见牛也”以及“伯乐、庖丁所见非马与牛”，通过类比推理推出“则亦知夫病者所见非鬼也。”由伯乐与庖丁都是“思念存想，自见异物”，类比推出人病见鬼也是由于“思念存想”。从而论证了论题①。

⑥与⑦进一步论证②。

⑥具体地揭示病痛见鬼出的原因，说明病痛则恐惧，恐惧则妄见鬼。⑥推出⑦的第三部分：“身自疾痛，见鬼之击”。

⑦在⑥的基础上进一步说明“见鬼之来”“见鬼之怒”“见鬼之击”三种情况都是由于存想而虚致。进一步论证了②，从而也论证了①。

⑧揭示“目见鬼之形”“耳闻鬼之声”“口言鬼之事”都是由于思念存想所造成的。

⑨揭示“昼日则鬼见，暮卧则梦闻”等现象都是由于“畏惧存想”造成的。

这篇文章的逻辑结构可以列表如下：

①全文中心论题：凡天地之间，有鬼，皆人思念存想之所致也。

②提出人思念存想致见鬼出的原因是疾病，也就是“人病则思念存想，思念存想则见鬼出。”

③与④以假言推理的形式推出：人病则见鬼出。其推理过程是这样的：

人病则畏惧，畏惧则存想，存想则见鬼出。（省略结论：故人病则见鬼出。）

另一个推理是：人不病则不畏惧。（省略：不畏惧则不存想，不存想则不见鬼也，故人不病则不见鬼出。）

→演绎推理

⑤以类比推理的形式推出人病见鬼是由于思念存想，从而论证①。其推理形式是：

伯乐学相马，顾玩所见，无非马者。宋之庖丁学解牛。三年不见生牛，所见皆死牛也。二者用精至矣！思念存想，自见异物也。

人病见鬼，犹伯乐之见马，庖丁之见牛也。

伯乐、庖丁所见非马与牛，则亦知夫病者所见非鬼也。

→类比推理

⑥具体地揭示病痛见鬼出的原因。

⑦在⑥的基础上进一步说明“见鬼之来”“见鬼之怒”“见鬼之击”皆由于存想而虚致。

⑧说明“目见鬼之形”“耳闻鬼之声”“口言鬼之事”皆由思念存想所致。

⑨说明“昼日则鬼见，暮卧则梦闻”等都是由于“畏惧存想”造成的。从③到⑨都是①的论据，它们直接论证了“凡天地之间，有鬼，皆人思念存想之所致也”，也就间接论证了“凡天地之间，有鬼，非人死精神为之也”。全篇既有证明，又有反驳，两者结合，有非常强的逻辑说服力。

→归纳推理

编后记

《逻辑基本知识》一书是专门为中学语文教师撰写的逻辑学著作，曾收入北京师范大学叶苍岑教授主编的“语文基本知识丛书”，1987年由北京教育出版社出版。本次出版，主要做了两方面的工作：一、替换或调整了部分用例；二、修正了个别的学术观点。我们在编辑过程中，根据《通用规范汉字表》校订了文字。引文体例等从旧。